2008北京奥运建筑丛书

宏构如花

奥运建筑总览

总 主 编　中国建筑学会
　　　　　中国建筑工业出版社
本卷主编　北京市建筑设计研究院

中国建筑工业出版社
CHINA ARCHITECTURE & BUILDING PRESS

2008 北京奥运建筑丛书（共10卷）

梦 寻 千 回——北京奥运总体规划

宏 构 如 花——奥运建筑总览

五 环 绿 苑——奥林匹克公园

织梦筑鸟巢——国家体育场

漪 水 盈 方——国家游泳中心

曲 扇 临 风——国家体育馆

华 章 凝 彩——新建奥运场馆

故 韵 新 声——改扩建奥运场馆

诗 意 漫 城——景观规划设计

再 塑 北 京——市政与交通工程

2008 北京奥运建筑丛书

总主编单位
中国建筑学会
中国建筑工业出版社

顾 问
黄 卫（住房和城乡建设部副部长）

总编辑工作委员会
主 任 宋春华（中国建筑学会理事长、国际建筑师协会理事）
副主任 周 畅 王珮云 黄 艳 马国馨 何镜堂
执行副主任 张惠珍

委 员（按姓氏笔画为序）
丁 建 马国馨 王珮云 庄惟敏 朱小地 何镜堂 吴之昕
吴宜夏 宋春华 张 宇 张 韵 张 桦 张惠珍 李仕洲
李兴钢 李爱庆 沈小克 沈元勤 周 畅 孟建民 金 磊
侯建群 胡 洁 赵 晨 赵小钧 崔 恺 黄 艳
总主编 周 畅 王珮云

丛书编辑（按姓氏笔画为序）
马 彦 王伯扬 王莉慧 田启铭 白玉美 孙 炼 米祥友
许顺法 何 楠 张幼平 张礼庆 杜 洁 武晓涛 范 雪
徐 冉 戚琳琳 黄居正 董苏华
整体设计 冯彝铮

《宏构如花——奥运建筑总览》

本卷编委会

主　任
朱小地

副主任
陈　杰　张　宇　张　青　邵韦平

委　员
熊　明　胡庆昌　程懋堃　马国馨　何玉如　刘　力　柴裴义
柯长华　胡　越　刘晓钟　王　兵　黄　薇　杨海宇　郑　实
金卫钧　姜　维　徐全胜　陈　光　谢　强　褚　平　王　戈
王晓群　杨　洲　党辉军　叶依谦　吴　晨　金　磊

主　编
张　宇

副主编
金　磊（常务）

执行主编
崔卯昕

编　辑
张　翼　刘江峰　李　沉

摄　影
王慧明　冯新力　叶金中　燕雨生　万玉藻　刘锦标
傅忠庆　王欣斌　董　博　陈　鹤　柳　笛　杨超英

图片编辑
张　影

电脑制作
冯桂红

总　　序

奥运会，作为人类传统的体育盛会，以五环辉耀的奥林匹克精神，牵动着五大洲不同肤色亿万观众的心。奥林匹克运动不仅是世界体育健儿展示力与美的舞台，是传承人类共荣和谐梦想的载体，也为世界建筑界搭建了一个展现多元的建筑文化、最新的建筑设计理念、建筑技术与材料、建筑施工与管理水平的竞技场。2008年北京奥运会，作为奥林匹克精神与古老的中华文明在东方的第一次相会，更为中国建筑师及世界各国建筑师们提供了展示建筑创作才华与智慧的机会：国内外的建筑师的合力参与，现代建筑形式与中国传统文化的结合，都赋予了北京奥运建筑迥异于历届奥运建筑的独特性，并将成为一笔丰赡的奥林匹克文化遗产和人类共享的世界建筑遗产。

随着2008年的到来，北京奥运会的筹备工作已进入决胜之年。而奥运会筹备工作的重头戏——奥运场馆建设，在陆续完成主要建设工程后，正在紧锣密鼓地进行后续工作，并抓紧承办测试赛的机会，对场馆设施和服务进行了最后阶段的至关重要的检测。奥运场馆的相继亮相，以及奥林匹克公园、国家会议中心、数字北京大厦、奥运村等奥运会的相关设施的落成，都为北京现代新建筑景观增添了吸引世人聚焦的亮点。而由著名建筑大师及建筑设计事务所参与设计的奥运场馆，诸如国家体育场（"鸟巢"）、国家游泳中心（"水立方"）等，更成为北京新的地标性建筑。

2008年北京奥运会新建场馆15处，改扩建场馆14处，临建场馆7处，相关设施5处。其中国家体育场、国家游泳中心、国家体育馆、北京射击馆、国家会议中心、奥林匹克公园、奥运村、媒体村、数字北京大厦等新建场馆以及相关设施，或者由世界上知名的设计师及事务所设计，或者拥有世界体育建筑中最先进的技术设备。无论从设计理念上，还是从技术层面上，这些建筑都承载了北京现代建筑的最新的信息，体现了北京奥运会"绿色奥运、科技奥运、人文奥运"的宗旨，成为2008年国际建筑界关注的热点。向世界展示北京奥运建筑、宣传奥运建筑也成为中国建筑界义不容辞的一项责任。

为共襄盛举，中国建筑学会与中国建筑工业出版社共同策划出版了这套"2008北京奥运建筑丛书"，以十卷精美的出版物向世界全面展现北京奥运建筑的风采。用出版物的形式记录北京奥运建筑的设计理念、先进技术、优美形象，是宣传和展示2008年北京奥运会的重要方式，这既为世界建筑界奉献了一套建筑艺术图书精品，也为后人留下了一份珍贵的奥林匹克文化遗产。

本套丛书共包括《梦寻千回——北京奥运总体规划》、《宏构如花——奥运建筑总览》、《五环绿苑——奥林匹克公园》、《织梦筑鸟巢——国家体育场》、《漪水盈方——国家游泳中心》、《曲扇临风——国家体育馆》、《华章凝彩——新建奥运场馆》、《故韵新声——改扩建奥运场馆》、《诗意漫城——景观规划设计》以及《再塑北京——市政与交通工程》十卷，从奥运总体规划到单体场馆介绍，全面展示了北京奥运建筑的方方面面。整套丛书从策划到编撰完成，历时两年。作为一项艰巨复杂的系统工程，丛书的编撰难度很大，参与编写的单位和人员众多，资料数据繁杂。在中国建筑学会和中国建筑工业出版社的总牵头下，丛书的编撰得到了住房和城乡建设部、北京奥组委、北京2008办公室及首都规划建设委员会的大力支持，更有中国建筑设计研究院、国家体育场有限责任公司、北京市建筑设计研究院、中建国际（深圳）设计顾问有限公司、清华大学建筑设计研究院、北京清华规划设计院风景园林所、北京市政工程总院等分卷主编单位的热情参与，各奥运建筑的设计单位也对丛书的编撰给予了很大的帮助。作为中国建筑界国家级学术团体和最强的图书出版机构，中国建筑学会与中国建筑工业出版社强强联合，再借国内外建筑界积极参与的合力，保证了丛书的学术性、技术性、系统性和权威性。

本套丛书凝聚了国内外建筑界的苦心之思，也是中国建筑界奉献给2008年北京奥运会、奉献给世界建筑界的一份礼物。希望通过本套丛书的编撰，打造一套具有国际水平的图书精品，全面向世界展示北京奥运建筑风貌，同时也可以促进我国建筑设计、工程施工、工程管理以及整个城市建设水平的提升，促进我国建设领域与国际更快更好地接轨。

宋春华
建设部原副部长
中国建筑学会理事长
2008年2月3日

前　言

2008年北京奥运会，不仅是世界瞩目的一次体育盛会，也是中国建筑界的一次盛会。随着各奥运场馆的相继落成，向世界展示北京奥运建筑、宣传北京奥运建筑也成为中国建筑界义不容辞的一项责任。

现代奥运会已超越纯竞技体育的意义而成为主办国社会、文化、科技、经济的综合展示场。追溯奥运会的历史，历届主办城市无不以奥运会为契机完成了城市建筑风貌的转变和升级。我们欣喜地看到，北京2008年奥运会已成为北京城市发展的强力引擎。在如火的北京8月来临之前，国内外建筑师们早已开始在体育竞技舞台之外展开了另一场角逐。中国的设计师们立足本土，怀着为华夏大地描绘最美图画的热望，同时闪射着放眼世界的目光；国外设计师则带着西方最新的设计理念，在北京这座历史文化名城汲取着东方文化的滋养。由国内外设计师们共同打造的北京奥运建筑，已经成为北京乃至中国建筑设计的新的风向标，并在一定程度上改变着世界建筑地理的格局。无论竞赛场馆，还是相关的附属设施，都成为设计师们展示设计理念和设计思想的载体。这些在竞标中夺冠的方案，不仅全面贯彻了北京奥运会"绿色奥运、科技奥运、人文奥运"的宗旨，还充分考虑了后奥运时代体育建筑的利用和维护，为北京乃至世界留下了一笔丰厚的建筑遗产。

由中国建筑学会与中国建筑工业出版社共同主编出版的十卷本"2008北京奥运建筑丛书"，是中国建筑界宣传北京奥运建筑的一次盛举，也是中国建筑界为北京奥运建筑胜利竣工所唱出的一曲振奋人心的凯歌。

北京市建筑设计研究院有幸承担了丛书中《宏构如花——奥运建筑总览》等四卷的编撰任务，我们感到光荣。北京市建筑设计研究院（以下简称BIAD）成立于1949年，一贯秉承"建筑服务社会"的核心理念，已有近60年的体育建筑创作生涯。从20世纪50年代初北京第一座专业体育馆（现北京体育馆）到1959年作为国庆十周年十大建筑之一的北京工人体育场，从1966年的首都体育馆到1990年的第十一届亚运会建筑，BIAD见证了新中国体育建筑筚路蓝缕、从无到有、从不完善趋于完善的艰辛历程。BIAD的马国馨院士参与的北京奥林匹克规划设计项目获得了国际奥组委主席萨马兰奇首次颁发的"国际体育·休憩·娱乐设施协会银奖";不仅如此,BIAD人还在北京奥申委的指导下全力参与了北京的两次申奥工作,承担了北京申奥几乎全部奥运场馆及配套设施的设计文件编制及规划研究工作。在奥运会筹办过程中,BIAD也参与了部分奥运场馆的设计。

本卷《宏构如花——奥运建筑总览》是全面展示2008年北京奥运会所有建筑场馆的"总览"性著作,它向读者反映了北京2008年奥运会建筑的总体风貌,以及各单体建筑和场馆,是读者了解北京2008奥运所有建筑项目的平台和窗口。全书通过精美的照片、平立剖面图,以及简明的项目介绍和经典点评,为读者奉上了一道丰盛的视觉盛宴。

本卷在编撰过程当中,得到了各奥运场馆设计单位的大力支持,他们为本卷的编写提供了大量的数据和参考资料,以及场馆的设计图纸。丛书的总主编单位中国建筑学会、中国建筑工业出版社也为本卷的编写付出了巨大的心血。相信本卷的出版将使世界建筑界更好地了解北京奥运建筑,了解中国建筑设计的新动向。

朱小地

北京市建筑设计研究院院长
北京市建筑设计研究院总建筑师

目 录

北京奥运会场馆分布图

综 述
同一个世界　同一个梦想

第一篇　新建奥运场馆

国家体育场 ………………………………………………………………………… 2
国家游泳中心 ……………………………………………………………………… 20
国家体育馆 ………………………………………………………………………… 36
北京奥林匹克公园网球场 ………………………………………………………… 52
中国农业大学体育馆 ……………………………………………………………… 64
北京科技大学体育馆 ……………………………………………………………… 74
北京大学体育馆 …………………………………………………………………… 86
北京奥林匹克篮球馆 ……………………………………………………………… 94
老山自行车馆 ……………………………………………………………………… 106
北京射击馆 ………………………………………………………………………… 116
北京工业大学体育馆 ……………………………………………………………… 126
奥林匹克水上公园 ………………………………………………………………… 134
青岛奥林匹克帆船中心 …………………………………………………………… 142
天津奥林匹克中心体育场 ………………………………………………………… 152
秦皇岛市奥体中心体育场 ………………………………………………………… 160

第二篇　改扩建奥运场馆

奥体中心体育场 …………………………………………………………………… 168
奥体中心体育馆 …………………………………………………………………… 178

英东游泳馆	184
北京航空航天大学体育馆	190
北京理工大学体育馆	196
首都体育馆	204
老山山地自行车场	212
北京射击场飞碟靶场	218
丰台体育中心垒球场	226
北京工人体育场	234
北京工人体育馆	240
上海体育场	248
沈阳奥林匹克体育中心	254
香港奥运马术比赛场（双鱼河和沙田）	262

第三篇　临建奥运场馆与相关奥运建筑

北京奥林匹克公园射箭场	272
北京奥林匹克公园曲棍球场	278
北京五棵松体育中心棒球场	282
国家会议中心击剑馆	288
老山小轮车赛场	294
朝阳公园沙滩排球场	298
国家会议中心	302
数字北京大厦	306

附表一　2008年北京奥运会比赛场馆一览

附表二　2008年北京奥运会比赛场馆设计单位一览

编后记

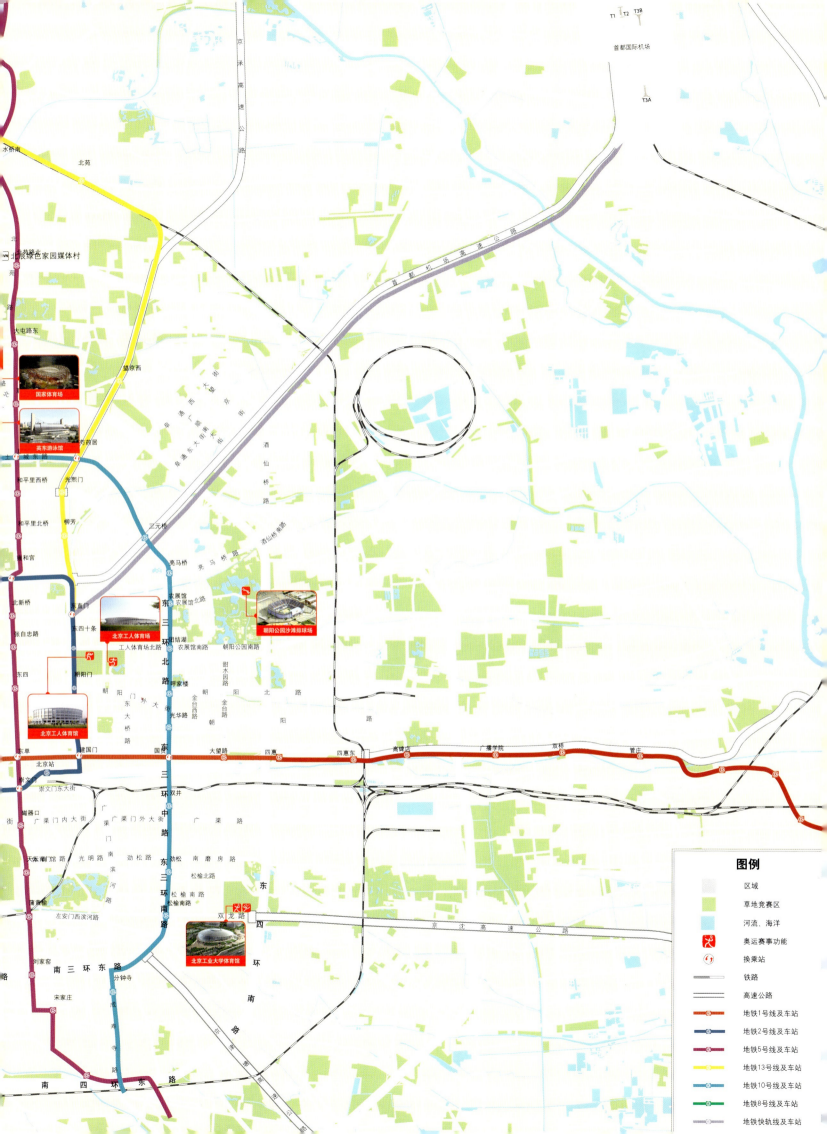

综述

同一个世界 | 同一个梦想

同一个世界 同一个梦想

国家体育场

国家游泳中心

国家体育馆

一

自从 2001 年 7 月 13 日国际奥委会投票决定由中国北京主办第 29 届夏季奥林匹克运动会以来，全中国人民，尤其是北京人民以极大的热情和空前的努力投入到奥运会的筹办和准备之中。由现代奥林匹克运动创始人顾拜旦先生所提倡的"通过奥林匹克运动教育，促进人的全面发展，促进人类社会的和谐和公正，从而建立一个和平的更加美好的世界"的核心理念正通过奥运会的筹办而日益弘扬和深入人心。

中国与国际奥委会的交往有着近百年的历史。据载，1895 年顾拜旦曾致函当时的清朝政府，邀请清政府派人参加奥运会，但处于内忧外患的清政府对此未予理睬。此后在 1921 年国际奥委会曾派员出席在中国上海举办的第五届远东运动会，这是双方的初步联系。而首次与国际奥委会建立正式联系是在 1922 年第八届奥运会时，1931 年中国正式成为奥林匹克大家庭的一员。1949 年以后由于在中国代表权问题上的冲突，中国和国际奥委会的联系被迫中断了 21 年，经历种种曲折，直到 1979 年 11 月 26 日中国在国际奥委会的合法席位才得到公正而圆满的解决，自此以后中国与国际奥委会的合作进入一个新的阶段。中国的积极参与，大大提高了奥林匹克运动的代表性和普及性。中国体育代表团在 1980 年和 1984 年分别重返冬季和夏季奥运会，在 1984 年洛杉矶奥运会上中国获得奖牌 32 枚，金牌总数名列第四位。在此后的历届奥运会中，中国体育代表团的运动成绩飞速提高，中国的影响力也越来越大。为了对奥林匹克运动作出更大的贡献，中国在 1992 年第一次提出申办 2000 年奥运会，在 1993 年 9 月的投票中以 2 票之差落选，但锲而不舍的中国在 2001 年再次申办 2008 年奥运会，并以高票一举申办成功，中国已经成为国际奥林匹克大家庭中重要的、积极负责而又充满活力的成员。

2001 年 7 月，李岚清副总理在代表中国政府的申办陈述中说："世界上有很多人都有一个梦想，希望有一天能到中国，到北京来，我的同胞们渴望着在北京举办一届将会对奥林匹克运动作出巨大贡献的伟大的奥运会。""我们期待着在 2008 年在北京张开双臂欢迎各位的到来。"他代表中国政府庄严表示："对于北京申办过程中所作出的每一项承诺，中国政府都是支持的，而且将尽一切努力协助北京兑现其承诺。"申办成功以来的 6 年多的筹办进程完全证明了这一点，正如国际奥委会委员何振梁先生所说："选择北京，你们将在奥运史上第一次将奥运会带到一个拥有世界上五分之一人口的国家，让十多亿人民有机会用他们的创造力和奉献精神为奥林匹克运动服务。""七年后的北京会让你们为今天的决定而自豪。"国际奥委会的这一决定创造了奥林匹克运动新的历史，它不但推动经济发展和社会进步，推动中国文化与世界其他文化的广泛交流，也将进一步普及奥林匹克理想，促进世界和中国的友谊，从而为全人类造福。

在"新北京，新奥运"战略构想之下，奥运筹办犹如北京经济和社会发展的火箭助推器，推动着北京这个古老而又现代的城市，朝着预定的目标风驰电掣般奔去。奥运会的筹办和建设使北京城发生了根本性、战略性的巨大变化。法新社在评论这一变化时指出："中国首都正在经历一种根本性的变化，而这种变化是每个大城市通常只会经历一次的，比如到处都有宽阔的林荫大道的现代巴黎就是在 19 世

北京奥林匹克公园网球场

纪初形成的。"法新社还引用一位美国律师的感受:"自从忽必烈13世纪创建这座城市以来,这是迄今为止最全面彻底的改变。""新北京,新奥运"的口号,已经迅速转变为凝聚北京市总体发展的取向和奋斗目标,成为新世纪推动北京现代化进程的行动指南。北京承办2008年奥运会,是北京经济社会发展的重要机遇:据初步估算,300亿元的奥运场馆建设,1000亿元的环境投资和1800亿元的交通、能源等市政基础设施建设;北京市累计投资需求将达1.5万亿元;新增的就业机会将达100万个……奥运经济的强大拉动作用在过去6年中已经充分显露出来,在6年中北京地区生产总值增加了2.74倍,达到7720亿元,人均地区生产总值增加了1.96倍,达到6000美元。新奥运已经成为并将继续作为推进新北京经济社会全面、协调、可持续发展的强大的推动力。在这个充满希望的世界上,中国人民正在和世界人民一起,通过奥运会的筹办共同实现着一个梦想。

二

奥运会筹办工作是一个庞大复杂的系统工程,其内容涉及政治、法律、财政、环保、自然、竞赛、体育设施、基础设施、住宿、交通、安全保卫、媒体、技术、市场、医疗等诸多方面,需要主办方履行主办合同中的所有义务,满足奥林匹克大家庭的所有需要,这对第一次筹办奥运会的北京来说,是严峻的挑战。其中场馆建设最早为人们所重视,最早提上议事日程,因为它的建设周期长,要克服许多意想不到的困难。过去在奥林匹克场馆建设历史上,有着大量的成功经验和值得吸取的教训,有大兴土木而入不敷出者,也有过度商业化而因陋就简者,也有利用举办地特点而恰到好处者,这些都为北京提供了丰富的信息。奥运筹办攻坚战的重头戏首先就在场馆建设的舞台上热火朝天地展开。

北京科技大学体育馆

2008年奥运会比赛共设置28个大项、38个分项、302个小项,共需37个比赛场馆(见附表一),56个训练场馆。其中31个比赛场馆在北京,新建12个,改扩建11个,临时设施8个。在《北京奥运行动规划》中奥组委规定了场馆建设的基本原则:

其一为场馆的规划设计,既要有利于奥运体育比赛,又要充分考虑赛后利用。在满足比赛期间国际奥委会技术要求的前提下,最大限度地发挥奥运场馆的社会效益,使之与广大市民日常的健身需要相结合,并便于赛后开展文化、体育、会展、商贸、旅游、娱乐等活动。为此,首先在建设方式上,在吸取各国经验的基础上,探索和运用了市场化的新运作方式:由国家体育总局负责的项目,由中央政府投资;北京市负责的项目,运用市场机制融资建设,采取BOT(Build-Operating-Transfer,建设－经营－移交模式)的典型方式之一——PPP(Public-private Partnerships,政府与企业合用模式)方式,即政府和民间资本合伙制,通过公开招标确定项目法人,由中标法人注册成立项目公司,负责整个项目的融资、设计、建设和运营。这种机制对控制投资规模和赛后充分利用都有好处。如国家体育场的总投资中58%的资金由市政府提供,委托市国资公司作为出资代表注入项目公司,其余资金由项目公司进行融资,公司可获得30年的特许经营权。此外还有捆绑式BOT,如国家体育馆和奥

北京大学体育馆

中国农业大学体育馆

北京奥林匹克篮球馆

老山自行车馆

北京射击馆

北京工业大学体育馆

运村打包成一个整体项目，作为特殊经营许可。另外还有捐赠方式，如国家游泳中心。到 2007 年 9 月 18 日，已陆续收到 101 个国家和地区 33 万多港澳台侨胞捐款 9.5 亿元（其中到位资金 8.4 亿元）；在场馆规划上采取"一个中心，三个区域"的布局，即奥林匹克公园主中心区、西部新区、大学区和北部风景旅游区。除充分利用现有设施外，还充分考虑了城市现状及市民需求，力求赛后能方便广大市民开展文化体育活动。另一部分设施安排为临时设施，赛后即可拆除。而在场馆使用功能上也努力提供多功能的服务内容，使体育、娱乐、商业、文化、比赛、休闲等集于一体。外国传媒对此十分注意，英国《每日电讯报》评论："中国官员决心不再重复其他奥运会主办城市铺张浪费现象。"(2005 年 11 月 10 日)

其二为坚持勤俭节约，力戒奢华浪费。所有场馆设施建设的规模、位置、数量逐一进行论证，能够利用现有场馆进行改建、扩建的就不新建，能搞临时性场馆的就不搞永久性场馆。这一点从申办时所提出初步场馆布置方案和最后确定方案的比较，从筹办过程中的多次调整、修改都可以看出。这里除了出于比赛及检疫方面要求的马术比赛场地移至香港外，结合赛后更好利用的目的，在决策上更为理性、务实和科学化，部分场馆安排在大学区（由原来的 3 所大学增加到 6 所），一部分设在体育设施比较少的地区，方便大学和居民区的健身体育活动。临时场馆也由 4 处增加到 8 处，赛后即行拆除，这些都表现了勤俭办奥运的努力。在北京奥组委提出"安全、质量、工期、功能、成本"五个统一的基础上，各场馆均进行了充分而细致的论证，以便控制建设的规模、投资和进度。如国家体育场、国家体育馆、五棵松文化体育中心等场馆的方案调整，有些甚至作了根本性的修改。国家体育场经中方设计师的优化，屋盖用钢量比原初步设计节省了 1.2 万 t，北京奥林匹克篮球馆取消了 120m × 120m 大空间上部的多层商业设施，总建筑面积由 11.7 万 m^2 减至 6.3 万 m^2。中国农业大学体育馆的座席也减少了 2000 个，面积减少了 3000m^2。正如 2004 年 10 月国际奥委会协调委员会主席维尔布鲁根所指出："节俭办奥运是北京奥组委，也是国际奥委会一致的目标。大而无用的工程对于我们来说是无意义的，这需要我们作出实际的、务实的计划。"

其三为创出体育建筑精品。充分体现可持续发展的理念，努力探索建筑技术、艺术与环保的有机结合，为首都留下独特的奥运遗产。开放的中国办奥运，在新建场馆的建筑方案征集上同样采取了开放的国际招标形式。面对我国日益开放的建筑市场，场馆方案竞赛本身就成为国内外建筑师们角逐的另一场"奥运会"。我们需要集中中外建筑师的智慧，皆为我们所用，以创造出奥运建筑精品。从 2002 年 3 月北京奥林匹克公园和五棵松文化体育中心的国际设计投标开始，国内外建筑师表现出极大的热情，当时在 177 家报名的境内外设计单位中，境外机构占了 70%，最后分别提交了 55 个和 34 个方案。此后 2003 年 3 月国家体育场的竞赛中 13 家中外设计单位提出了方案，同年 6 月国家游泳中心的竞赛中 10 家中外设计单位提出了方案。从北京市新建的 12 个比赛场馆的最后中标情况看，3 个项目是由中外设计联合体完成，其余 9 项由国内设计单位完成。奥运场馆一方面吸取了国外建筑师的新理念、新技术，例如被称为"鸟巢"的国家体育场和被称为"水立方"的国家游泳中心，还有顺义奥林匹克水上公园，同时这些项目在和中国建筑师的合作中也进一步作了调整和优化；由中国建筑师独立设计的项目也充分表现了自己的才智和想像力，立足于自主创新，推出了一大批成果。与比赛场馆相关的设施如奥运村、媒体村、国家会议中心、数字北京大厦等也是依此模式进行的。

"绿色奥运、科技奥运、人文奥运"三大理念是在奥运筹建过程中造就时代精品的保证。通过组织全国科技力量，集成全国科技成果，引进、消化和吸收国际新理念、新结构、新工艺、新技术、新材料，实现自主创新能力的提升、产业发展和科技进步，使各奥运建筑成为中国高新技术和创新实力的重要展示窗口，成为标志性的示范工程。其高新技术主要表现在：

建筑节能应用技术。其中包括可再生能源利用，先进的空气净化技术，绿色照明技术，先进的能源利用技术，建筑围护结构包括外墙幕墙、遮阳、门窗的节能技术等。目前奥运工程采用新型能源利用项目共69项，其中7项工程采用了太阳能光伏发电技术，10项工程采用了太阳能光热技术，9项工程采用了先进的能源系统。总计先进的空气技术处理项目61项，绿色照明技术48项，节能围护结构38项。

奥林匹克水上公园

环境与生态保护应用技术。如森林公园生态保护、园林绿化与景观研究应用技术，绿地节能、节水、环保设施应用技术，室内声学环境和区域噪声的控制与监测技术，环境保护及废弃物处理等应用技术，区域气象监测、预报应用技术等。目前奥运工程采用的环保项目初步统计有145项，其中环境及生态保护77项，环保技术及产品应用57项，奥林匹克公园的湿地及生态廊道等是生态建设的亮点。

水资源利用技术。包括水资源综合利用技术、节水设施应用等，据初步统计应用有121项。

青岛奥林匹克帆船中心

绿色环保建材及产品。包括绿色环保建材应用技术、再生或可再生材料应用技术等，据统计应用有46项。

高科技综合服务系统。包括先进的信息和网络系统、数字技术、通信技术、综合指挥控制系统、楼宇自动化系统等。

结构设计与施工新技术。包括新型的大跨度钢结构的计算、材料、施工工艺、质量标准的配套关键技术。

天津奥林匹克中心体育场

场馆建设按照预定计划十分顺利地进行，全部比赛场馆除国家体育场将于2008年5月竣工外，其他均于2007年年底、2008年年初优质、高效完成，并按照预定计划进行了一系列的测试比赛，模拟奥运会赛时运行的各种需求，对软硬件建设进行了检验。国际奥委会主席罗格先生对于筹办工作多次表示："对北京的工作我们感到很满意。""自从悉尼奥运会我开始参与奥运会筹备工作以来，他们（北京）是历届准备工作做得最好的。"国际奥委会协调委员会主席维尔布鲁根也说："场馆建设对于各届奥林匹克运动会的准备活动来说总是一个重要而敏感的问题。我们却从没有为北京的场馆建设进度感到担心。"

三

围绕奥运场馆建设，还有范围更大，并直接惠及广大市民的众多基础设施建设。

秦皇岛市奥体中心体育场

奥体中心体育场

奥体中心体育馆

英东游泳馆

据统计,在2008年以前,北京将投入1800亿元用于城市基础设施建设,除了还清城市过去的欠账之外,更着眼于北京城市的未来,使基础设施的水准得到较大的提高。据称这1800亿元将用于重点建设142个项目,其中900亿元用来打造四通八达的交通网络;450亿元用于环境治理;300亿元用于信息化建设,奠定"数字北京"的基础;150亿元用于气、热、水、电等设施的建设和改造。与比赛场馆相比,这些项目虽然没有标志性的形象,但其内容更为庞杂,与举办奥运的各个细节密不可分,与广大市民的衣食住行密切相关,实际上是比场馆建设难度更大、投入更多的一项长期性、全局性的基本建设,也是实现"新北京"的关键环节之一。

1. 交通建设和管理

北京是全国机动车增长最快的城市,据统计日均机动车增加1000辆,最高时一日达4000辆,目前机动车拥有量已突破300万辆,小汽车出行人数的比例已与公共交通的30%持平,交通拥堵成为北京市日常正常运行的突出矛盾。国际奥委会委员芬兰人塔尔德格在2003年认为:"北京现在的交通存在问题,我认为,这将是你们筹备2008年奥运会面临的最大挑战。"他也说:"相信到时这个问题会得到妥善解决。"

奥运会的交通问题并不仅是在奥运会期间解决运动员、记者,以及国内外观众和旅游者的短时的、局部性问题,据估算奥运会期间国外旅游者约60万,国内约110万,而2008年全年的游客总数将达1.7亿人次,其中海外463万人次。这实质上是一个通过综合性的长期城市交通对策来解决城市交通现代化的艰巨任务。就奥运会而言,在奥组委《交通建设和管理专项规划》中有完整而详细的设想。简言之首先是加快北京交通基础设施的建设,除道路系统的新建和改造外,305km的高速公路、159km的城市快速线和主干路开工建设;在公共交通上除扩大公交专用线外,市区新建5条轨道线路,到2008年轨道交通运营里程将达200km;加上枢纽和换乘站的建设,交通信息化的科学管理,尤其是在比赛期间设置奥林匹克专用道,并根据需要采取一些临时措施,应该可以达到奥运会期间运动员、官员由驻地到比赛场馆时耗不超过30分钟、奥林匹克专用道平均时速不低于60km/h的目标。这在2006年11月有数十位国家元首参加的中非合作论坛时得到了预演,另外试行了单双号限行临时措施的测试,并在提高公交出行率、错峰上下班、市民绿色出行等方面取得了宝贵经验。

从未来一个时期的目标看,大力发展运能大、速度快、无污染的轨道交通系统将是最重要的治本之策。2007年10月7日,新建成的地铁5号线开通运行。这个投资130亿元、全长27.6km的线路经过4年零9个月的建设,在城市交通中开始发挥重要作用,开通一个月日均运送乘客量就达40万人次以上,超出设计预期。按照目前轨道交通规划,2008年运营里程将达200km,地铁10号线、奥运支线和机场快轨线将在2008年7月开通运营。2010年运营里程将达270km,预计2020年时,将达19条线路561km(其中市区425.7km),这标志北京轨道交通已进入一个快速发展的时期。如加上配套的市域及城际交通、交通管理等措施,城市的交通拥堵将会逐步得到缓解,奥运会期间将会有理想的交通环境。

2. 生态环境建设

城市是一个以人工生态系统为主的复杂系统，其中包括自然系统、经济系统和社会系统。而我们所指的奥运生态环境更多着眼于自然系统，即在防治环境污染、完善基础设施的基础上从大气、土地、水体、植物等方面构筑首都的生态基础。北京的空气污染问题，一直是国际奥委会和北京奥组委关注的重点，国际奥委会主席罗格就曾表示他对北京的环境问题尤其是空气污染的担心，但同时他也表示："我相信，他们的战略将取得成功。我对奥运会期间的环境问题持乐观态度。"

北京理工大学体育馆

在奥运筹备期间北京计划共投入 1000 亿元用于环保基础设施建设，到 2006 年环保投资总额实际已达 1200 亿元。其主要措施包括能源结构的改善，如对燃煤锅炉的改造，使用天然气和电力等清洁能源；对产生污染的工业企业进行针对性治理，根据不同情况分别搬迁治理或转产。最突出的例子就是首钢，从 2003 年起钢产量由 800 万 t 调整到 2007 年的 400 万 t，2010 年首钢将全部搬迁到唐山曹妃甸。为控制机动车污染，近年来北京两次提高机动车的排放标准，如按每 3 年提高一次标准的周期，2008 年时调整的标准将基本与发达国家的机动车排放标准接轨。又如在污水和垃圾处理上，城市污水处理已由 2000 年的 42% 上升到 2006 年的 90%，日处理能力由原来的每天处理 100 万 t 增加到 290 万 t，已达到并超过申奥时提出的预定目标，城市垃圾处理率为 96.8%，已十分接近预定的 98% 的目标。另外为了保证奥运会期间北京空气质量，《第 29 届奥运会北京空气质量保障措施》已获批准，除北京外，还将由天津、河北、山西、内蒙古和山东共六省市联合行动，采取临时的污染控制措施进行综合处理，在充分调查研究的基础上，通过区域联动来确保空气质量。又如生态环境的改善还包括绿色生态屏障的建设。通过几年的建设，全市的林木覆盖率将由 2000 年的 41.9%(93 万 hm^2)，达到 2007 年的 51.6%(107.8 万 hm^2)；山区林木覆盖率由 2000 年的 57.23% 达到 2007 年的 70.49%。到 2006 年底，基本建成由山区的水土保持林、水源涵养林，平原的防沙治沙林和农田保持林，加上城市绿化隔离区组成的景观生态林和公园绿地的格局，形成三道绿色生态屏障；其中平原地区的"五河十路"绿色通道工程，在永定河、潮白河、大沙河、温榆河、北运河五条河流和京石路、京开路、京津塘路、京沈路、顺平路、京密路、京张路、公路二环等八条主要公路以及京九、大秦两条主要铁路的两侧形成总长 1000km 多，面积达 25157hm^2 的绿化带，市区绿化隔离带的绿化总面积达 12641hm^2，使北京的城市绿化覆盖率由 2002 年的 39% 上升到 2006 年底的 42.5%，这些都已经达到或超过在申奥时所提出的预定目标。

首都体育馆

虽然与发达国家的大城市相比，北京的环境质量还有差距，但通过抓住奥运会的机遇，北京城市环境得到了极大的改善，同时也满足了市民公众的健康需求。国际奥委会主席罗格的幽默也表达了他的乐观，他对记者们说："我认为你们会屏住呼吸，喘不上气来——但不是因为污染，而是因为高水平的赛事。"

3. "数字奥运"和"数字北京"

"数字奥运"是"科技奥运"的重要组成部分，同时也是"数字北京"建设过程中具有重大意义的成果。奥运会不但加快了"数字北京"的实施，同时也是展示

北京射击场飞碟靶场

北京工人体育场

北京工人体育馆

北京奥林匹克公园射箭场

上海体育场

沈阳奥林匹克体育中心

首都信息化水平和成果的极好机会。数字北京是首都加快经济和社会信息化、以信息化带动各行业、实现首都跨越式发展的重大战略举措。包括宽带多媒体信息网络、地理信息系统等基础平台的建设，整合首都丰富的信息资源，建立起电子政务、电子商务、社会保障、信息化社区等服务，通过数字化手段提高了各行业的科技含量和发展水准。2008 年"数字奥运"的目标是"基本实现任何人，在任何时间、任何奥运相关场所都能够安全、方便、快捷、高效地获取可支付得起的、丰富的、无语言障碍的、个性化的信息服务"。奥运会涉及方面广，人员多，信息需求量大，其中最主要是为奥运会和国际奥委会相关的通信服务、电视转播和信息系统三大部分。通信服务要提供奥运中心区 50 万移动用户的网络容量、重要交通线路上移动网络的扩容、市区内人群密集场所移动网络的扩容，提供车载卫星系统，提供充足的国际转播能力以及集群网用户数量达到 1.5 万部的手持设备，并实现与其他奥运城市场馆的漫游。电视转播要为各国媒体提供一流的工作条件，确保各国记者的报道。信息系统包括信息检索系统、比赛结果系统和奥运组织管理系统等，提供内容丰富、全面、准确的信息资料，并通过城市信息基础设施和信息化软环境的支撑从环境上予以保障。

4. 文化环境建设

文化是奥林匹克运动的重要组成部分，也是"人文奥运"理念的重要内容。除举行奥林匹克文化主题活动、建造一批文化设施、创造良好的文化环境之外，展示北京历史文化名城风貌，推动东西方文化的交流，也是其中一项重要的课题。北京的历史名城和文物遗存见证着城市三千多年的历史，承载和延续着城市文化，也赋予人们认同感和归属感。如何处理好奥运建设和保护文化遗产及文化特色之间的关系，减少建设的负面影响，是国内外各界都十分关注的敏感问题。联合国教科文组织副总干事赛恩说："北京，如同所有国家的城市一样，面临着新旧城之间的挑战。在 62.5km² 的老城中，三分之一已经被拆除了，为了将要在 2008 年召开的奥运，很多项目纷纷上马。联合国教科文组织在看到这些的同时，应该给北京提供帮助，在新旧城市中寻求平衡。"（2005 年 6 月 16 日）为此北京市文物局也制定了《"古都奥运"文物保护计划》，加大了文物保护力度，努力为 2008 年奥运会增添东方文化神韵。在保护北京历史文化名城格局方面，按照"整治两线景观，恢复五区风貌，再现京郊六景"的思路，对于中轴路和朝阜路沿线的什刹海风景区、国子监古建筑区、琉璃厂商业区、皇城景区、钟鼓楼古街市区、京郊的西郊风景区、北京段长城保护区、帝王陵寝保护区、通州古运河文化景区、宛平史迹保护区和京西寺庙区加大保护力度。为在建设发展中有效地保护旧城区的重点区域，先后将 33 片价值突出、特色显著的传统区域公布为历史文化保护街区，同时先后完成十余片历史街区的环境整治及胡同、四合院区的改造工程，使街区传统面貌得到初步恢复。在文物修缮方面，早在申奥阶段，即从 2000 年起投入 3.3 亿元对重点文物进行抢修；申奥成功后，又投资 6 亿元用于大规模的抢险修缮。7 年来共启动各类文物修缮工程 220 余项，涉及文物保护单位 139 项，修缮文物面积达 100 余万平方米。最近又制定了《北京优秀近现代建筑保护名录（第一批）》75 处 199 栋建筑列入上报，这也是历史文化资源在认识上的重大提升和转变。通过以奥运环境建设为目标的北京历史名城保护工程已取得进展,如皇城区域故宫及周边环境的综合整治、皇城墙遗迹的保护、菖蒲河遗址的整治等,但与北京这一中华民族历史文化最有代表性的古都相比,与国内外广大民众对于北京的期望值相比,不尽人意处还很多,仍然任重而道远。

此外,北京市还全面开展了奥运环境建设和整治工作,通过拆除违法建设、整修建筑物外立面等各项环境重点和景观建设工作,也让广大市民直接感受到了这些工作给市民生活带来的变化。

香港奥运马术比赛场

四

中国政府高度重视北京奥运会的筹办,提出了奥运会"有特色、高水平"的目标。温家宝总理在会见罗格主席时表示:"'有特色'就是要在筹办工作中体现'绿色奥运、科技奥运、人文奥运'三大理念;'高水平'就是要在建设、服务、保障、安全和管理等方面按照奥运会的标准开展工作。"二者联系在一起表现了中国和北京对奥林匹克运动的新贡献。新奥运助推了新北京,新北京反过来又补充丰富了新奥运。

北京奥林匹克公园曲棍球场

另外整个奥运会的筹办工作除满足奥运会时的需求外,更注重坚持以人为本,注重解决广大市民最关心、最直接、最现实的切身利益问题,努力使奥运成果惠及社会、惠及人民。"新奥运"的各项建设为城市留下了很好的遗产。罗格先生认为:场馆和城市基础设施不仅是在奥运会举办期间供人使用,还将在奥运会后成为举办城市和举办国的一笔宝贵财富,可以使用几十年。如前所述,举办奥运极大地推动了北京城市建设的发展。主政上海市多年的老领导汪道涵曾说过:"任何城市的发展,都需要有持久的动力,否则这个城市发展到一定阶段就会停顿,甚至会衰落。"像2008年北京奥运会、2010年上海世博会、2010年的广州亚运会,都为城市发展提供了难得的机遇。

国家会议中心击剑馆

如上所述,许多建设项目尤其是基础设施的建设所产生的社会效益、经济效益和环境效益在当前就已经显现出来,如节能减排、防治大气污染,改善了环境质量;产业结构调整,加快了工业污染治理、汽车尾气的治理,改善了交通出行状况等。除去物质层面的建设外,"迎奥运,讲文明,树新风"活动的开展,对于精神文明的建设、文化素质的提高,服务意识、责任意识、规则意识的深入,将有很大的提升;奥运志愿者的参与,社会公众的有力支持,"奉献、友爱、互助、进步"的志愿精神的倡导,将进一步促进中外文化的和谐对话和交融。奥运期间需要10万名志愿者,北京目前超过56万人的志愿者报名,也充分显示了这种精神的深入人心。

朝阳公园沙滩排球场

奥运会对于城市和社会的影响是难以估量的,但城市和社会的各种问题也不是三年五载就能彻底解决的,新的问题和矛盾还会不断出现。要使得城市全面、协调、可持续发展,要保护自然资源和历史文化遗产,协调城市空间布局,改善人居环境,还要根据城市科学本身全局性、综合性、战略性的特点,需要通过城市规划的先导和统筹作用,对城市的发展和改造进行强有力的调控,按部就班地引导各项建设。由于我国城市化进程的势头很猛,无论理论上、法制建设上,还是具体实践上都远远跟不上形势的发展,加之权力和利益驱动的过分介入,我们在取得巨大成绩的同

五棵松体育中心棒球场

国家会议中心

数字北京大厦

时,也有大量值得记取的教训,甚至包括引发社会矛盾以及空间和环境的失衡的遗憾。中国的城市建设和发展,是有别于世界任何一个国家的复杂课题,需要在一个较长的周期内,按照既定的总体规划,按照正确的指导思想,有计划、有步骤、不停顿地实现预定的目标,改善生活质量,提高城市的综合承载能力,创造富有个性的城市特色和城市文化,这是城市发展的最持久动力。

随着奥运会开幕的日期一天天接近,人们的一部分目光也开始转向了后奥运时代的种种,因为后奥运的检验可能要比一个月的奥运会的检验更为长期、更为严峻。对于北京的后奥运有种种乐观悲观的预测,但摩根斯坦利国际投资公司的报告很具代表性:"主办奥运会与其说能促进经济增长,还不如说是中国经济实力增长的结果。"因此这家公司说:"我们认为奥运会对中国来说可能是个转折点的说法似乎有点夸大其辞。鉴于中国经济一直表现出强劲、健康和日益平衡的增长,奥运会后经济增长速度放慢实际上似乎是不大可能的。"(《南华早报》2007年6月10日)奥运在物质遗产方面已经表现出可观的成果,俄新社分析:"花出去的钱已经开始得到回报。慷慨的奥运投入有力地推动了中国首都建设和住房建设,国家订货则刺激了中国电子仪器制造业和机械制造业高技术公司的发展。北京的经济结构得到优化,服务业在经济中所占的比重大大增加,生态环境得到改善。已经完成的一些奥运项目每年给北京带来10多亿美元的收入。"(2007年5月14日)当然,场馆的后奥运利用还有待实践的检验,经济也要寻找新的投资热点,城市的综合竞争力还有待继续提高。与此同时,更多的人们也在思考除物质遗产外,还有哪些精神遗产,包括国民素质的全面提升,市民精神面貌和文明行为展现,和谐的首善之区的追求,也成为后奥运时期对于我们提出的长期挑战。

马国馨

中国工程院院士
北京市建筑设计研究院总建筑师
工学博士
中国科学技术协会常务委员
中国建筑学会副理事长

第一篇 | 新建奥运场馆

国家体育场

国家游泳中心

国家体育馆

北京奥林匹克公园网球场

中国农业大学体育馆

北京科技大学体育馆

北京大学体育馆

北京奥林匹克篮球馆

老山自行车馆

北京射击馆

北京工业大学体育馆

奥林匹克水上公园

青岛奥林匹克帆船中心

天津奥林匹克中心体育场

秦皇岛市奥体中心体育场

国家体育场 | National Stadium

项目名称：国家体育场
建设地点：北京奥林匹克公园
竣工时间：2008年5月（预计）
设计单位：奥雅纳工程顾问公司及中国建筑设计研究院联合体
瑞士赫尔佐格和德梅隆（Herzog & De Meuron）设计事务所

结构类型：混凝土框架结构看台，钢结构外层
占地面积：21hm²
总建筑面积：25.8万m²
层数：7层
观众席座位数：赛时91000个，赛后80000个

1 国家体育场俯瞰

谈及2008年北京奥运会，直接涌上人们心头的，除了鲜艳的五环、活泼的福娃以及特色鲜明的中国印，恐怕就是"鸟巢"这个浪漫而富有想像力的名字了——曾几何时，人们差不多忘记了本属于这座宏伟体育建筑的正式名称：国家体育场。

国家体育场位于奥林匹克公园中心区南部，是北京奥林匹克公园内的标志性建筑和第29届奥林匹克运动会的主体育场。在这里将举行开／闭幕式、田径、足球等奥林匹克活动。体育场南北长333m，东西宽298m；中间开口南北长182m，东西宽124m；主体结构分成两个部分，即混凝土框架结构看台和钢结构外层。体育场看台为混凝土碗状结构，分为上、中、下三层座席。中、下层看台之间设置了包厢层（包括168个大小包厢）及其座席区，分别由各自对应的集散大厅进入。看台全部采用了独立安装的非折叠式座椅，造型圆润流畅。底层座椅以红色为主，间或点缀一些浅灰色座椅；中层座椅则基本上为红色、灰色错落分布；而上层座椅则以灰色为主，间或点缀红色座椅，整体上实现色彩舒适的渐变。

体育场看台的外层，并不是裹得严严实实的混凝土墙面，而是一根根钢构件像编篮子一样编织起来的空心钢结构外罩，看上去近似散乱，实际上却是科学有序。体育场钢结构由24榀门式刚架柱围绕着体育场碗状看台区旋转而成，重达42000t的钢结构组件之间相互支撑，形成网格状构架，外形宛如金属树枝编织而成的椭圆形"鸟巢"。开敞的钢结构网格包围着环绕碗状看台的宽阔的集散大厅，形成了一个开放的城市空间；集散大厅内设有观众餐饮售卖点、奥运特许商品场馆零售店等各类观众服务设施，并设有餐厅层和为主席台观众服务的贵宾接待区及休息区。在摒弃了传统体育场建筑封闭式结构之后，"鸟巢"最为明显的特征就是将整个结构呈现为裸露的建筑，"结构即外观"，体育场外面的人们可以清清楚楚地看到钢柱之间来来往往的行人，场内场外连成一体；设计师有意把钢材像草根一样扭曲编织并造成无序的感觉，实现了建筑理念的重大突破。

体育场屋顶围护结构为钢结构上覆盖双层膜结构，即固定于钢结构上弦之间的透明的上

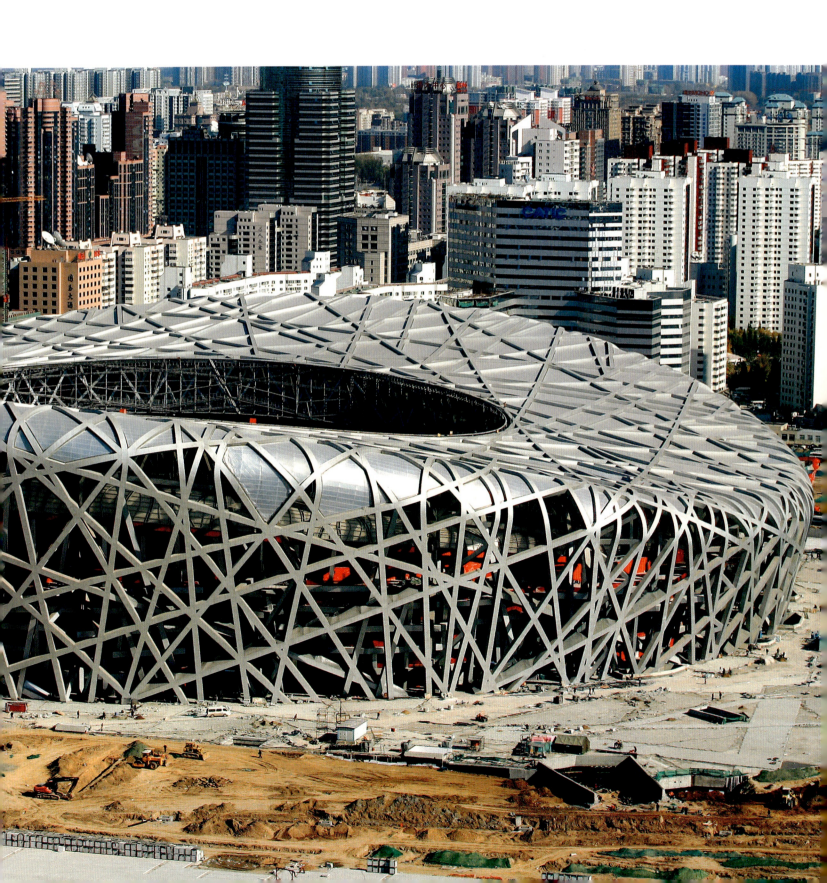

2 （见前页）奥林匹克公园中心区。景观大道贯穿公园南北，两侧分布着国家体育场、国家游泳中心、国家体育馆、国家会议中心、数字北京大厦等重要的奥运场馆及附属建筑，把北京奥运会的主场气氛烘托到极致
3 国家体育场夕照
4 国家体育场近景

层ETFE膜，和固定于钢结构下弦之下及内环侧壁的半透明的下层PTFE声学吊顶。体量庞大的"鸟巢"建筑立面与建筑结构融为一体，高低起伏变化的外观缓和了建筑的体量感，并赋予其戏剧性和具有震撼力的形体。

"鸟巢"主体建筑坐落在缓缓升起的基座平台之上。观众可由奥林匹克公园沿基座平台到达体育场，并从基座平台上俯视奥林匹克公园。基座北侧为下沉式的热身场地，通过运动员通道与主场内的比赛场地连通。盘根错节的体育场立面与延续了体育场结构肌理的建筑基座有机结合，形成了"树和树根"的关系。

体育场的空间效果新颖激进，但又简洁古朴。各个结构元素之间相互支撑，汇聚成网格状，就像编织一样，将建筑物的立面、楼梯、碗状看台和屋顶融合为一个整体，形态如同孕育生命的"巢"，更像一个摇篮，寄托着人类对未来的希望。

国家体育场是北京最大的、具有国际先进水平的多功能体育场，是全世界跨度最大的钢结构建筑，也是中国建筑师、工程师与世界顶尖级建筑师、工程师紧密合作完成的"第四代体育馆"的伟大建筑作品。无论是碗状看台的设计、全部扭曲钢结构的外圈、对外通透的结构还是各种出于人本和环境考虑的设备安装与设计，"鸟巢"都见证了中国这个东方文明古国不断走向开放的历史进程。

5 国家体育场设计方案中的基座，与国家体育场主体建筑融为一体，就像大树与树根的关系
6 国家体育场鸟瞰效果图
7 由主结构和次结构构成的国家体育场钢结构体系

8 国家体育场的主体钢结构
9 国家体育场最初设计方案中的平行滑动式可开启屋顶，后在方案优化过程中被取消
10 国家体育场与水中倒影。体育场与穿越奥林匹克公园区的水系相映成趣

11 (见前页) 在夜色掩映和灯光辉映之下，如梦如幻的水中倒影
为国家体育场壮观的体量平添了几分妩媚

12

13

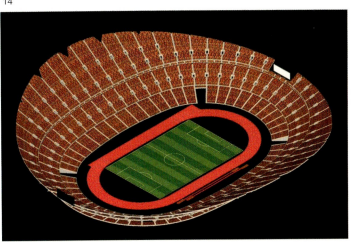

12 从内部看到的国家体育场肩部结构
13 国家体育场夜景。被灯光照亮的国家体育场建筑肌理凸显。若场内灯光亮起，透过编织结构形成的摇曳光影将更彰显出这座奥运主会场建筑设计理念的新颖超前
14 国家体育场的碗型看台示意

15 国家体育场座席区与开口处局部
16 国家体育场观众座席区
17 国家体育场外立面局部
18 国家体育场色彩斑斓变幻的外层膜。
   中国红和长城灰的色彩构图灵动绚烂

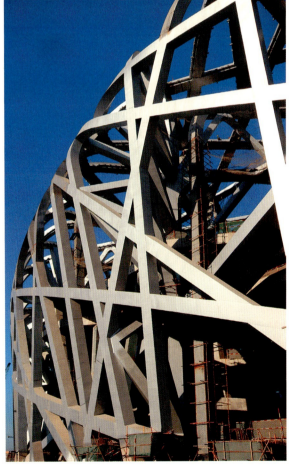

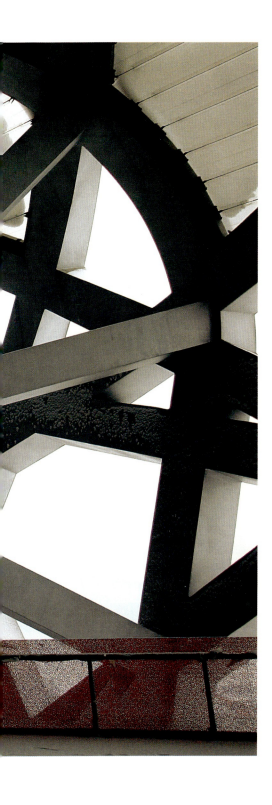

19 国家体育场呈放射状的结构节点
20 国家体育场座席层间结构
21 国家体育场碗状看台外部与钢结构外罩的结合
22 国家体育场主体建筑西面是正在建设的下沉式商业区

23 国家体育场立面大楼梯
24 国家体育场立面大楼梯与钢结构外立面向屋面的过渡
25 国家体育场集散大厅与楼梯效果图
26 国家体育场钢结构立面和立面大楼梯设计
27 国家体育场立面大楼梯设计

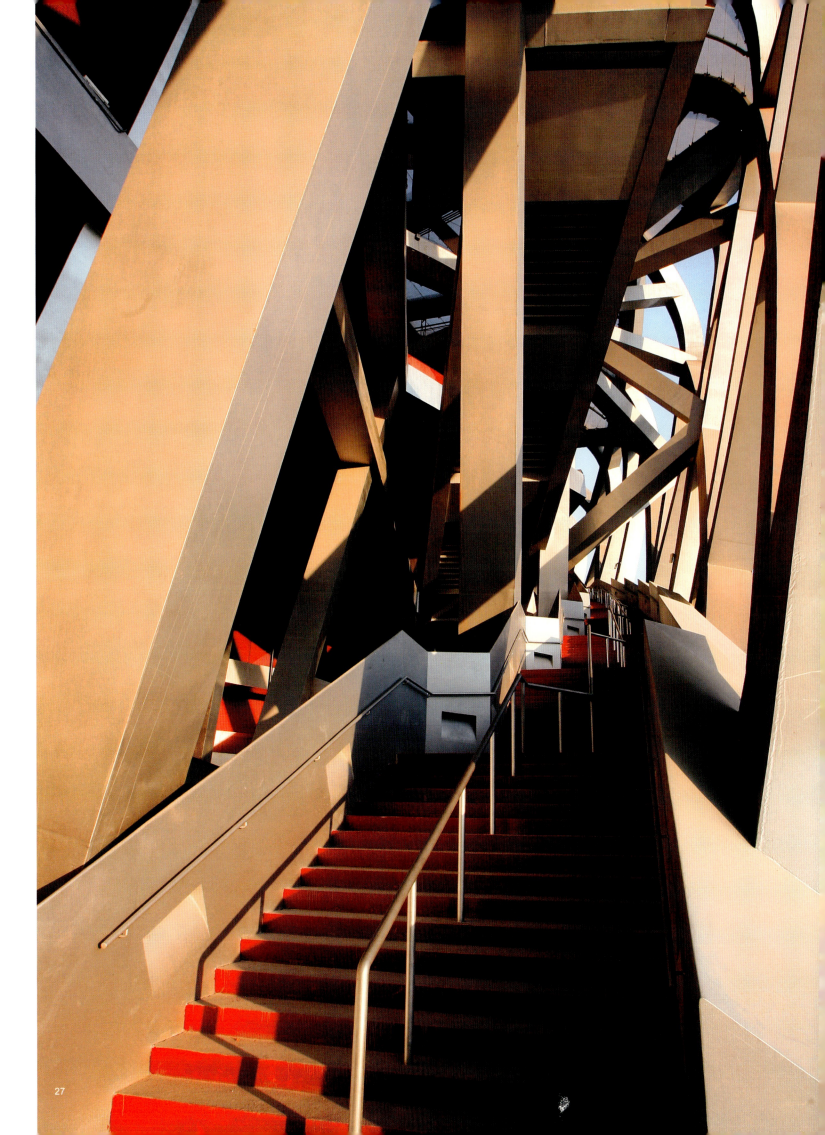

国家游泳中心 | National Aquatics Center

项目名称：国家游泳中心
建设地点：北京奥林匹克公园
竣工时间：2008年1月
设计单位：中建设计联合体（中国建筑工程总公司、
　　　　　澳大利亚PTW公司，澳大利亚ARUP公司）
结构类型：主体钢结构，外层膜结构
占地面积：6.28hm²

总建筑面积：87283m²。其中地上建筑面积为29827m²，
　　　　　　地下建筑面积为57456m²
层数：地上赛时4层，赛后5层，地下2层
观众席座位数：赛时17000个，赛后5000个
停车位数量：110个（赛时），400个（赛后）

1 国家游泳中心鸟瞰

在奥林匹克公园景观大道西侧，一个无论在阳光下，还是在灯光下都透射着梦幻般色彩的蓝色水晶宫殿尤为引人注目，这就是国家游泳中心——第29届北京奥运会游泳、跳水和花样游泳等的比赛场馆。它的另外一个更为美丽雅致、更为人们所熟知的名字就是"水立方"。

"水立方"与"鸟巢"隔路相望，外围长宽高分别为177m、177m、30m，地下2层，地上4层。主体结构由大量钢架纵横交错"编织"而成，自由随意之间摹仿了"水分子"形状，张扬了自然的纯美；建筑外围透明的膜结构，是以新型ETFE材料（乙烯——四氟乙烯共聚物，具有较好的延展性、抗压性、耐火性、耐热性，在业内素有"塑料王"的美誉）制作成的约3000个不规则蓝色泡泡气枕，面积达到11万m²。这是世界上规模最大的膜结构工程，也是惟一一个完全由膜结构来进行全封闭的大型公共建筑。表面覆盖的ETFE透明膜赋予建筑冰晶状外貌，使其具有了独特的视觉效果和感受，在蓝天白云的映衬下，淡蓝色的"泡泡"似乎融在了一片蔚蓝的海洋之中，水的神韵得到完美体现。不仅如此，透过"泡泡"，人们还可以清晰地看到支撑着"水立方"的骨架——一根根的钢支架。这种把现代建筑的内部主体结构毫无保留地呈现在了人们面前，让人们充分了解建筑的内部结构的做法，体现了对建筑本身的结构美和骨感美的自信。"水立方"气泡

2 灯光照射下的外立面水泡，表现出与日光照射下完全不同的效果
3 在灯光透射下，国家游泳中心呈现出斑斓的色彩
4 夜色下的国家游泳中心东南角与东侧入口
5 国家游泳中心剖面图之一

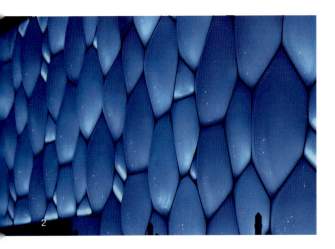

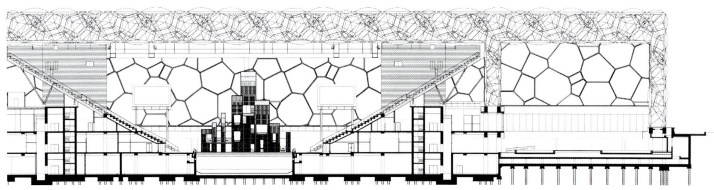

5

和自由结构的组合,平衡了形体上的极端简洁与表现上的极端丰富,体现出东方思想与现代的契合。

与"鸟巢"(国家体育场)既新颖又古朴的外观相比,"水立方"营造出另一种轻灵、宁静、具有诗意的氛围,具有随着人的情绪、赛事以及季节的变化而变化的感情色彩,并在有限的区域内形成了地与天、水与火、内敛与放射、诗意与震撼、可变情绪与强烈性格之间的对话。"水立方"与"鸟巢",一方一圆,一柔美一阳刚,把奥林匹克公园主场区的气氛烘托到了极致。

"水立方"室内设计基本采用白色基调,大方、纯净,将蓝色衬托得更为纯粹。内部东侧为热身池,西侧为比赛大厅,包括标准泳池和

跳水池。赛场顶棚是一个个"大水泡",半透明的"泡泡"将阳光柔和地引入赛场内。南北两侧看台座席由蓝白两色座椅组成。

"水立方",顾名思义,水是这座蓝色水晶宫殿的主题和灵魂,"方"是建筑的外形。"方"来自中国文化的"天圆地方"概念,它是中国古代城市建筑最基本的形态,体现了中国文化中以纲常伦理为代表的社会生活规则。这座外观简洁质朴的方盒子,以巧夺天工的设计、纷繁自由的结构、简洁纯净的造型、环保先进的科技,成为了百年奥运建筑史上的经典,成为了北京乃至世界建筑史上的标志性建筑。"水立方"不仅能够激发人们的灵感和热情,丰富人们的生活,还能为人们提供一个记忆的载体。

6 国家游泳中心东南角观众入口。东侧为奥林匹克公园景观大道,南侧为广场
7 国家游泳中心南侧保留的古建筑——北顶娘娘庙,与极富现代感的国家游泳中心相得益彰
8 国家游泳中心东南角仰视

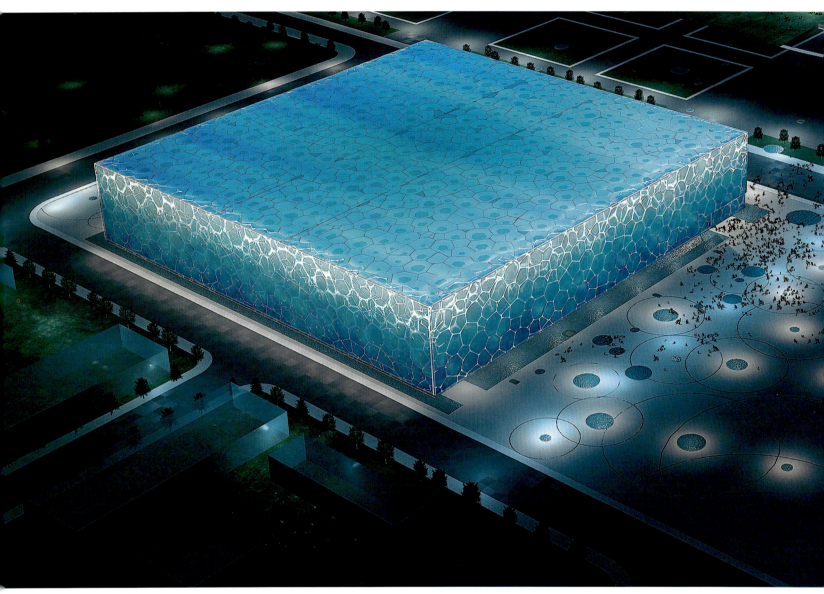

9 国家游泳中心俯视效果图

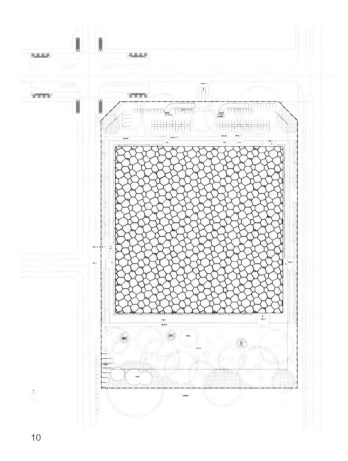

10

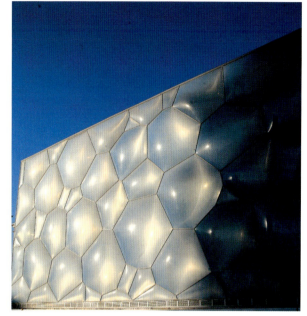

11

12

10 国家游泳中心总平面图
11 国家游泳中心南立面在蓝天、阳光的映射下晶莹剔透
12 国家游泳中心东立面局部。夕阳透过膜结构照射过来,游泳中心的内部结构清晰可见
13 国家游泳中心东立面图
14 国家游泳中心的外墙膜结构局部。这些水泡,无论在白天还是夜间,都可以在光线的照射下透出炫丽的光彩

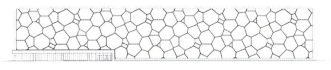

13

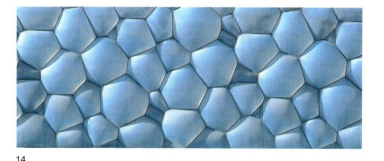

14

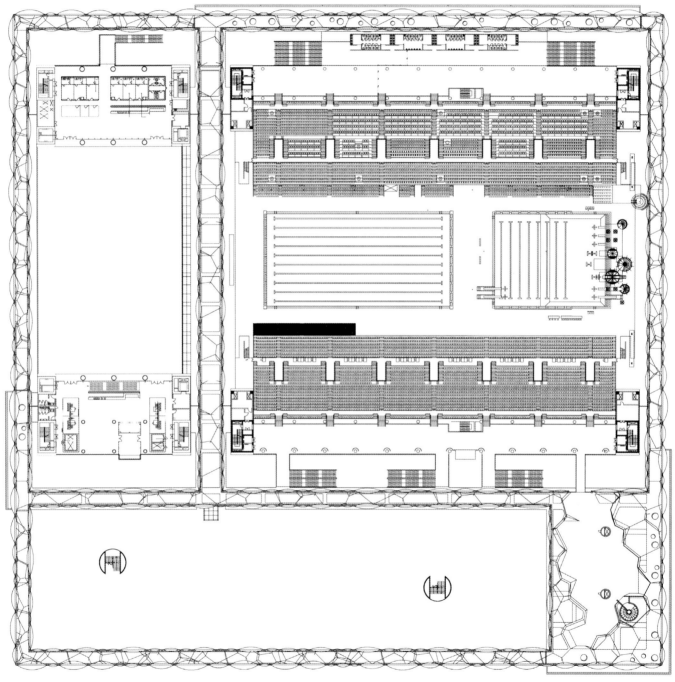

15 国家游泳中心二层平面图

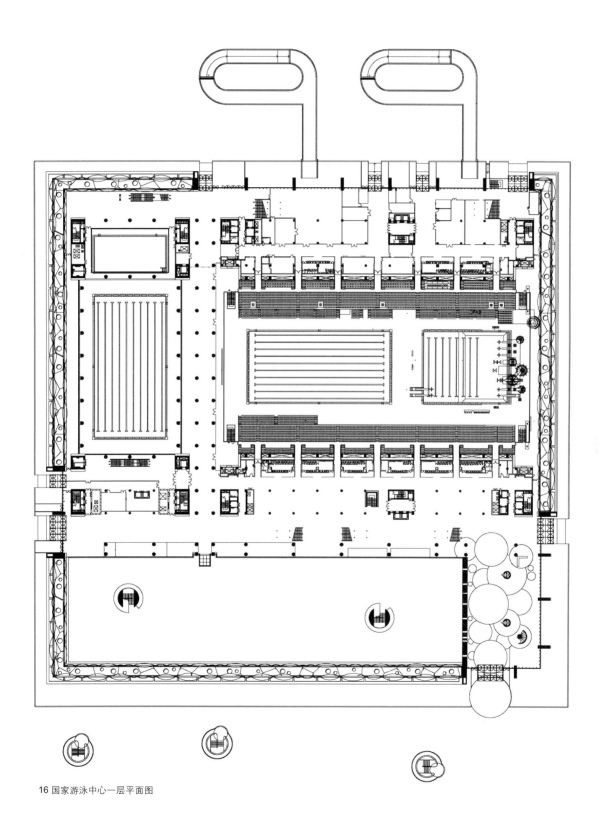

16 国家游泳中心一层平面图

17 从内部看国家游泳中心的结构
18 国家游泳中心顶部结构与装饰效果

21

22

19 国家游泳中心比赛场地与观众座席区，蓝与白构成了国家游泳中心内部的主色调
20 日光可以透过国家游泳中心的膜结构透射进比赛场地，水立方的立面结构清晰可见
21 国家游泳中心比赛场地效果图
22 国家游泳中心比赛场地全景效果图
23 国家游泳中心剖面图之二

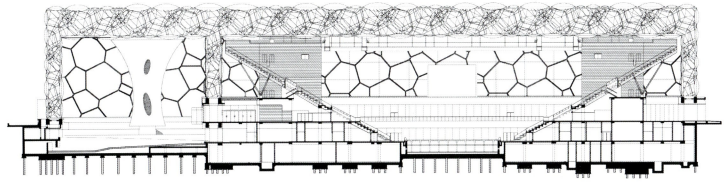

23

24 国家游泳中心跳水项目跳台
25 国家游泳中心热身场地
26 国家游泳中心观众集散大厅效果图

26

国家体育馆 National Indoor Stadium

项目名称：国家体育馆
建设地点：北京奥林匹克公园
竣工时间：2007年11月
设计单位：北京市建筑设计研究院
　　　　　北京城建设计研究总院有限责任公司
结构类型：钢结构
占地面积：6.8723hm^2

总建筑面积：80890m^2。其中地上建筑面积为57990m^2，
　　　　　　地下建筑面积22900m^2
层数：7层
观众席座位数：赛时20000个，赛后18000个
停车位数量：600个。其中地下停车位数量为474个，
　　　　　　地面停车位数量为126个

1 国家体育馆鸟瞰

在北京奥林匹克公园景观大道西侧，国家体育馆以其不事张扬的外形和流畅的扇形屋面，与国家体育场、国家游泳中心共同构成体育建筑组群，并连接着国家会议中心和国家游泳中心，实现了奥林匹克公园景观的统一和协调。

国家体育馆南北长约335m，东西长约207.5m。项目建设用地东临中轴线广场，南临国家游泳中心，西临数字北京大厦及公共建筑用地，北临国家会议中心。体育馆由主体建筑和一个与之紧密相邻的热身馆以及相应的室外环境组成。建筑平面采用规整的矩形布局，建筑主体沿景观路、景观西路退线与单曲面造型的国家会议中心保持一致，主体东西侧的遮阳棚架退线与平顶造型的国家游泳中心相呼应，并在平面形式上协调与南北两座建筑的相互关系，形成了统一的建筑界面。根据北京奥林匹克公园中心区总体规划要求，国家体育馆的建设必须服从国家体育场（"鸟巢"）、国家游泳中心（"水立方"）这两座核心标志性建筑。体育馆在外部造型、材料选择和色彩处理上的简洁大方、含蓄内敛、不事张扬以及不喧宾夺主

的态势，都保证了这一目的的实现。

国家体育馆屋面由南向北呈单方向波浪式造型，采用了新型的"双向张弦大跨度空间结构"，由14榀桁架组成的钢屋架工程总用钢量达2800t，南北长144m，东西宽114m，是目前国内空间跨度最大的双向张弦钢屋架结构体系。钢屋架形状呈扇形波浪曲线，结构受力就如同一张拉开的弓，这样的结构方式具有承载力大、用钢量小、结构稳定、易于获得美观的建筑造型等优点。近似扇形的屋顶曲面，如行云流水般飘逸灵动，与四周竖向分布的钢骨架和大面积晶莹剔透的玻璃幕墙相映衬，就像一把打开的中国折扇。

值得一提的是，国家体育馆的屋顶和南立面幕墙不仅仅造型优雅，更是内藏玄机：安装了高级太阳能系统——100kW的光伏发电系统。光伏发电系统有1124块太阳能电池组件，每块太阳能电池长120cm、宽50cm，额定峰值功率90W，峰值额定电压18V。太阳能电池能将吸收到的太阳辐射能由专项线路统一传送到地下一层太阳能发电控制室，经过设备处

理转换为电能,再经专用设备并网输送到低压配电系统。这样的安装设计不仅可以为建筑物遮阳、采光、挡雨,而且还能发电提供照明电力。光伏电池板与雄伟的建筑外观融为一体,直观地向公众展示了太阳能光电利用技术。体育馆建筑采用中国传统建筑文化的"灰"色调及传统"木"建筑材料,并结合新建筑材料和技术,营造出了更加人性化的空间,体现了具有现代中国特色的建筑文化。

奥运会期间,国家体育馆举行的奥运赛事有竞技体操、蹦床、手球等。赛后,这里将成为多功能的市民活动中心。

3

2 国家体育馆夜景
3 灯光映射下的国家体育馆正立面

4

4 国家体育馆西南角
5 国家体育馆侧、正立面效果图

6 从西南侧鸟瞰国家体育馆

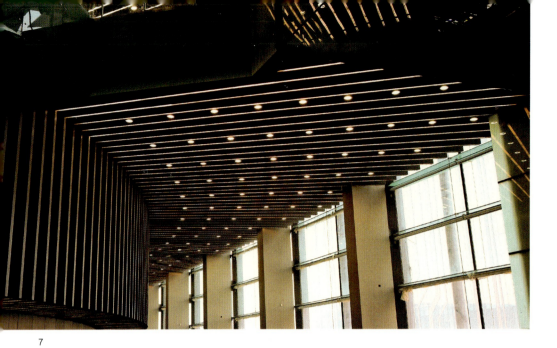

7

8

9

10

7 国家体育馆观众活动区域顶部装饰
8 国家体育馆比赛场地效果图
9 国家体育馆一层平面图
10 国家体育馆内部装饰

11 国家体育馆观众集散大厅
12 国家体育馆观众集散大厅顶部装饰

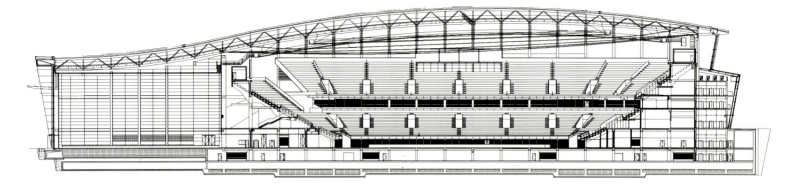

13

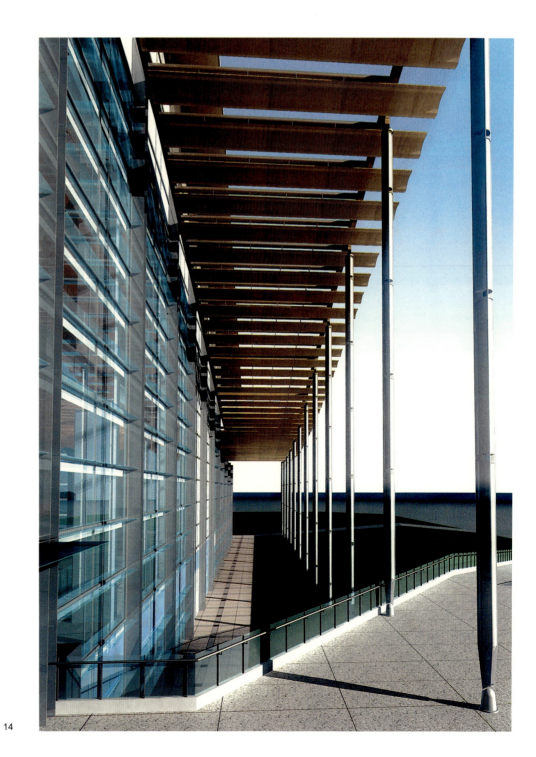

14

13 国家体育馆剖面图之一
14 国家体育馆东侧柱廊效果图
15 国家体育馆观众座席区
16 国家体育馆剖面图之二

15

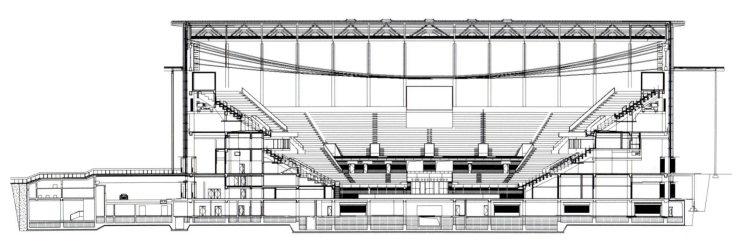
16

17 国家体育馆顶部装饰
18 国家体育馆比赛场地全景
19 国家体育馆观众步梯

北京奥林匹克公园网球场 | Beijing Olympic Green Tennis Court

项目名称：北京奥林匹克公园网球场
建设地点：北京奥林匹克公园
竣工时间：2007 年 10 月
设计单位：中建国际（深圳）设计顾问有限公司
占地面积：16.68hm²

总建筑面积：26514m²
层数：2～3 层
观众席座位数：17400 个
停车位数量：450 个

1 北京奥林匹克公园网球场鸟瞰效果图

在北京奥林匹克公园北区错落有致的低尺度建筑群中，北京奥林匹克公园网球场主赛场在蓝天白云下舒展着12片花瓣，宛若奥林匹克公园绿色掩映中盛放的莲花。它与另外两朵偎依身旁的精巧小花——1号赛场和2号赛场交相辉映，共同塑造了以奥林匹克森林公园为背景的"自然"景观。

北京奥林匹克公园网球场位于奥林匹克森林公园，包括10块比赛场和6块练习场，其中主赛场规模为10000个座位，1号赛场规模为4000个座位，2号赛场2000个座位，7片预赛场地各为200个座位。北京奥林匹克公园网球场的三个赛场都采用了正十二边形造型，12个边就是12片看台。其中主赛场是北京奥林匹克公园网球场最大的一朵"莲花"，48根倾斜的巨大的现浇钢筋混凝土悬挑斜梁挑起了12片花瓣。随着看台座椅数量的变化，看台高度逐渐升起，白色的罩棚恰似12片纯洁的莲花花瓣盛开在绿色的森林里。奥运会网球决赛时，将有10000名观众在这里见证"莲花争霸"。

北京奥林匹克公园网球场总体立面造型以简洁朴素为基调，以清水混凝土、钢材的质感含蓄地表达出与奥林匹克公园相匹配的形式。灰色的墙体与绿色的草地，使得整个建筑群与公园的整体环境恰到好处地融为一体。清水混凝土超天然的色彩和森林公园的绿色结合，突出了北京奥林匹克公园网球场的雄伟之势。此外，北京奥林匹克公园网球场在国际上还首次引进赛场自然通风设计理念，独特的花瓣式造型可以让场馆自由"呼吸"，有效降低赛场地面温度。

2 北京奥林匹克公园网球场主赛场俯瞰

3

在奥运会之后，奥林匹克公园北区将拆除部分临时建筑，恢复森林公园景观，届时北京奥林匹克公园网球场将真正成为掩映于森林中间的休闲运动场所，成为一处森林与体育设施融为一体的特色景观。到那时，在这里挥拍的人们将真正体味到网球运动自然、阳光的本质。

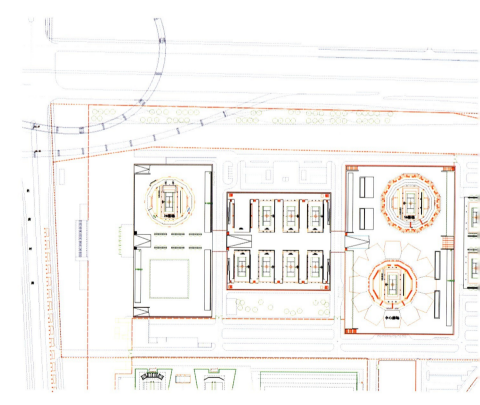

5

4

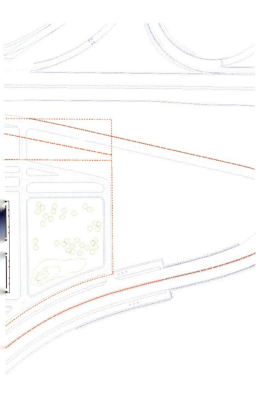

3 北京奥林匹克公园网球场主赛场与1号赛场夜景透视图
4 绿草、鲜花与北京奥林匹克公园网球场主赛场的花瓣造型相映成趣，彰显出网球这项阳光运动贴近自然的本质
5 北京奥林匹克公园网球场总平面图

6 北京奥林匹克公园网球场主赛场内部全景
7 北京奥林匹克公园网球场主赛场花瓣开口部位
8 北京奥林匹克公园网球场主赛场内景局部

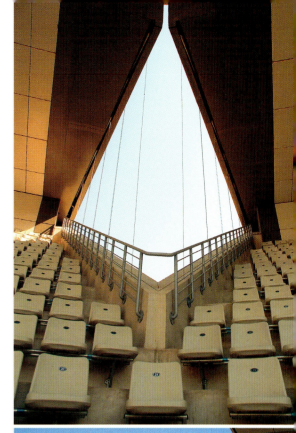

7

8

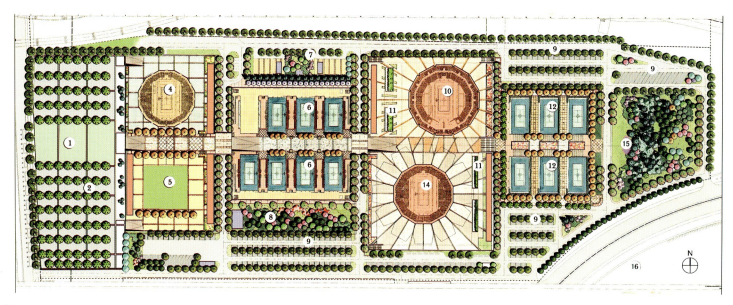

①前广场	⑨停车场
②树阵、林荫广场	⑩1号赛场
③后勤用房（图中未标出）	⑪采光天井
④2号赛场	⑫练习场
⑤休息疏散草坪	⑬景观绿化中心（图中未标出）
⑥预赛场地	⑭中心赛场
⑦后勤用地	⑮雕塑
⑧集中绿化	⑯北辰西路

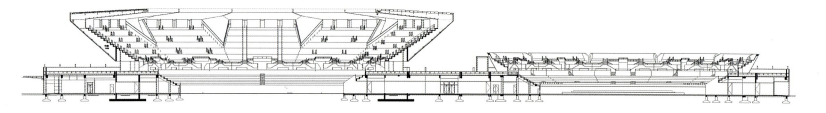

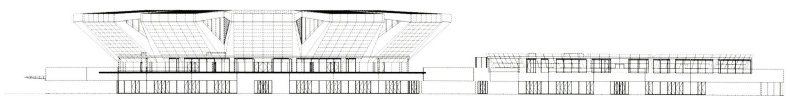

9 北京奥林匹克公园网球场景观与绿化总平面图
10 北京奥林匹克公园网球场主赛场与1号赛场南北剖面图
11 北京奥林匹克公园网球场主赛场与1号赛场立面图
12 北京奥林匹克公园网球场1号赛场，位于主赛场北侧，宛如依偎着主赛场大花瓣的一朵小花
13 从北京奥林匹克公园网球场场地一层看中心主赛场，宛若一朵在蓝天下盛开的莲花

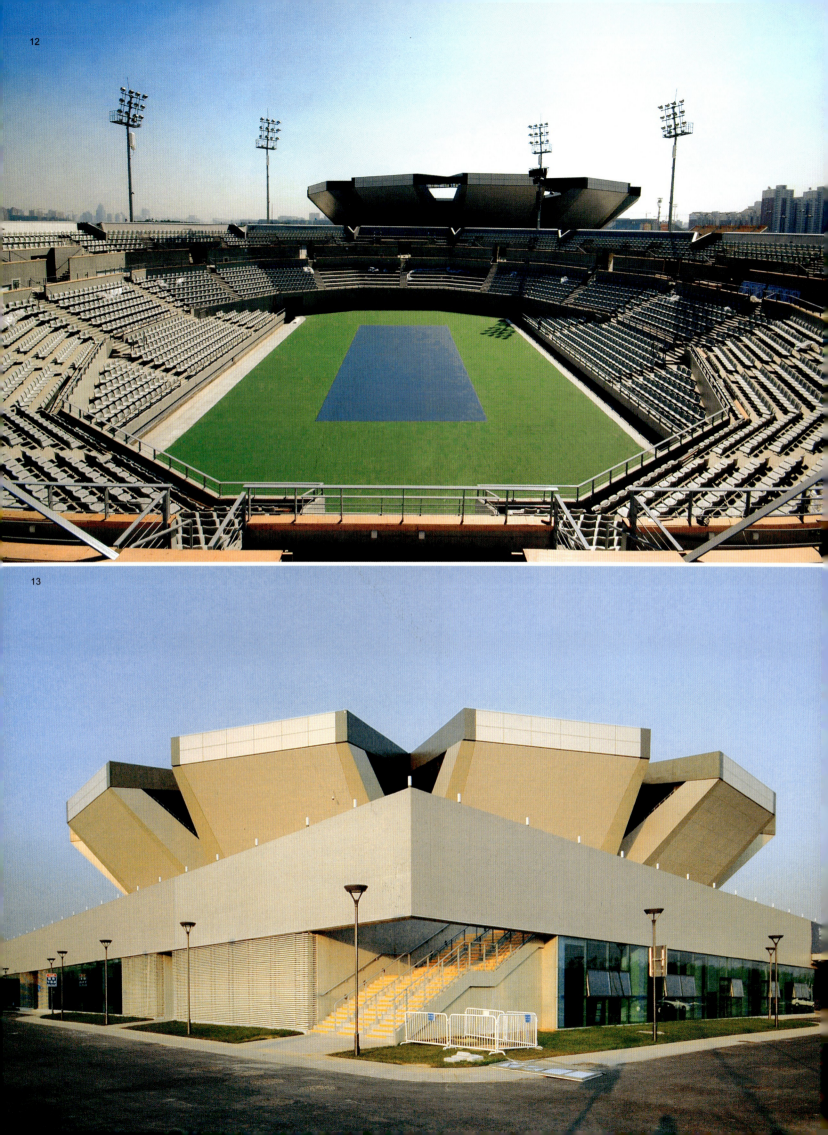

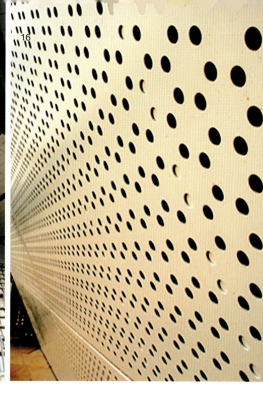
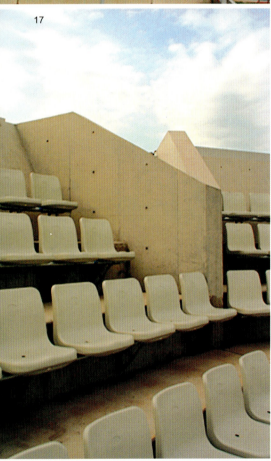

14 北京奥林匹克公园网球场通往看台的步行梯
15 北京奥林匹克公园网球场内部座席与莲花花瓣开口处
16 北京奥林匹克公园网球场内部
17 北京奥林匹克公园网球场看台座椅
18 北京奥林匹克公园网球场赛场入口
19 北京奥林匹克公园网球场赛场周围的步道
20 北京奥林匹克公园网球场赛场内部通道
21 北京奥林匹克公园网球场主赛场立体模型图

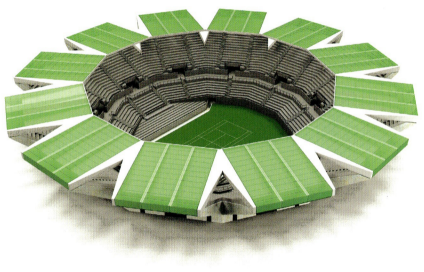

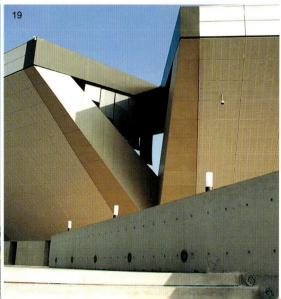

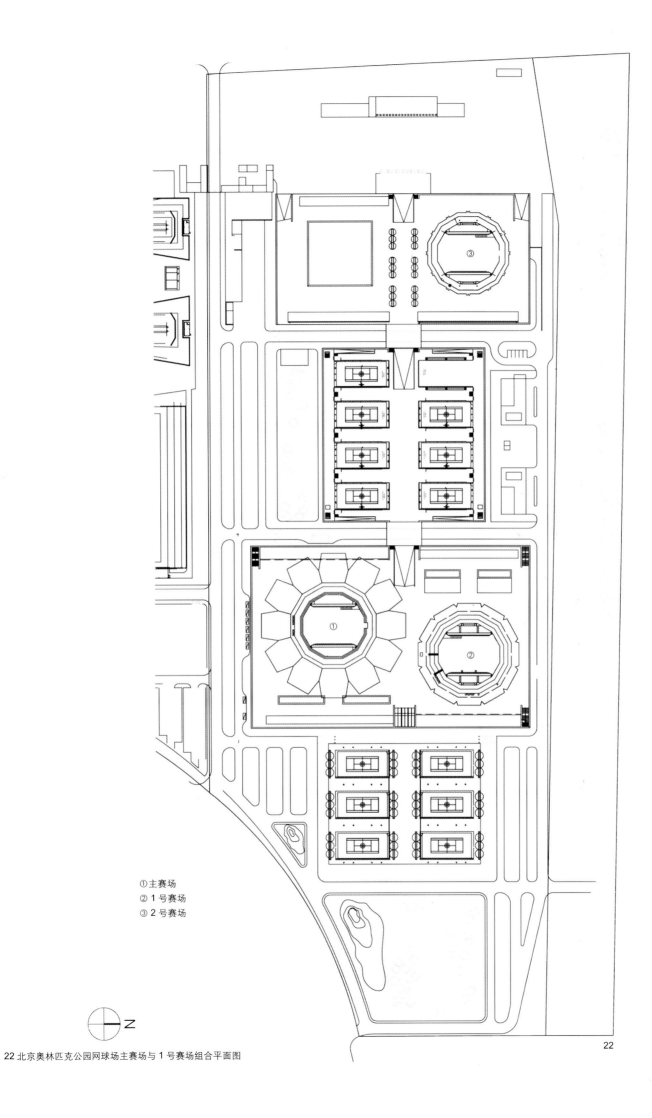

①主赛场
②1号赛场
③2号赛场

22 北京奥林匹克公园网球场主赛场与1号赛场组合平面图

23 北京奥林匹克公园网球场室内局部

24 北京奥林匹克公园网球场赛事用房

25 北京奥林匹克公园网球场赛事用房内景

中国农业大学体育馆 | China Agricultural University Gymnasium

项目名称：中国农业大学体育馆
建设地点：北京中国农业大学东校区
竣工时间：2007年11月
设计单位：华南理工大学建筑设计研究院
结构类型：钢筋混凝土结构与钢结构
占地面积：13900m²
建筑面积：23950m²
层数：3层
观众席座位数：赛时8500个，赛后6000个

　　取道清华东路北侧的中国农业大学东校区南门，沿东北方向穿过校园内一段玲珑别致的林荫道，当视线豁然开朗的时候，人们会为突然出现在眼前的一座现代化体育建筑而惊叹不已：充满质感的灰蓝色建筑外墙，纵向折叠如风箱般的立面，层层叠叠的顶部设计，视线开阔的小广场，建筑造型设计新颖而不张扬，既同校园其他建筑自然融为一体，又突出了自身别致精巧。这就是2008年第29届奥林匹克运动会摔跤比赛用馆——中国农业大学体育馆。

　　中国农业大学体育馆由主馆（摔跤馆）、附馆（游泳馆）以及局部平台组成。位于南边的主馆是主要体量，平面约90m×90m，内场地可设3个摔跤比赛垫。比赛馆屋面为反对称的折面，东西立面的檐口为反对称的起伏折线。硬朗的折线檐口和屋脊，使建筑在规则的平面下富有韵律感，既丰富了天际轮廓线，展现了阳刚之美，又突出了纪念性。大量无障碍设施与设备、残疾人通道、观众席和卫生间等的设计，使场馆可以面向不同的人群，体现了设计的人性化，满足了残奥会坐式排球的比赛要求。

　　在比赛馆的设计中，设计师的得意之笔就是大胆采用了之前常见诸于大跨度厂房建设中的节能采光方式，即按照太阳的运行规律，利用"门式框架"的采光原理，在场馆顶部安装了400多个高低错落、分层排列的玻璃窗，使自然光通过层次分明的顶部充分"照"入场馆内，同时也达到了自然通风的目的。其中120多扇玻璃窗是可以电动开启的。这样，即使在多云的天气，体育馆也可以在不开灯、不开空调的情况下满足一般训练和娱乐需要。在奥运会后，这将在满足日常正常使用的条件下节省大量能源，使得场馆的赛后运营接近"零能耗"。

　　比赛馆北边的附馆为内设五个摔跤垫的热身场地、体育赛事管理和组织运营以及运动员休息、训练等用房，其处理同样弱化体量，关照附近其他建筑，赛后这里将改造成为校内标准游泳池。

　　作为位于校园内的奥运比赛场馆，中国农业大学体育馆和其他位于大学校园中的体育馆

1 中国农业大学体育馆鸟瞰

2 中国农业大学体育馆全景效果图
3 中国农业大学体育馆西侧平视效果图
4 中国农业大学体育馆平面布局总图

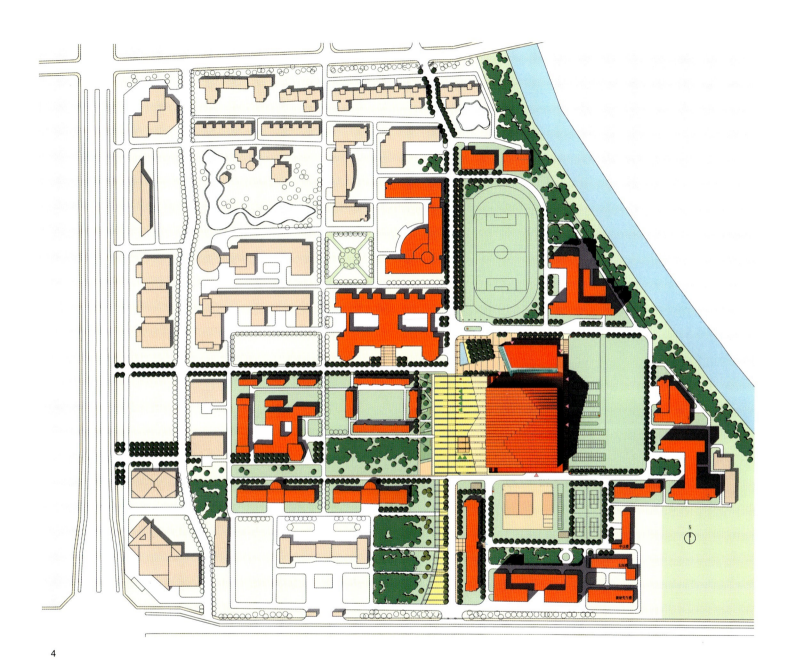

4

一样，具有奥运比赛用馆和高校体育馆的双重定位，并必须实现赛后功能的转变。中国农业大学体育馆的建设正是按照这样一种定位，首先取得了与原来校园环境的一致，提升了校园的环境质量，实现了校园空间的优化整合，同时也突出了奥运比赛用馆的地位，在校园中弘扬了奥运体育精神。中国农业大学体育馆的建设为奥运比赛场馆建设与大学校园体育馆建设的结合提供了良好的范例以及较为成熟的解决方案。

①赛事管理用房
②摔跤训练场
③运动员休息室
④游泳馆
⑤篮球热身场
⑥力量练习
⑦更衣室

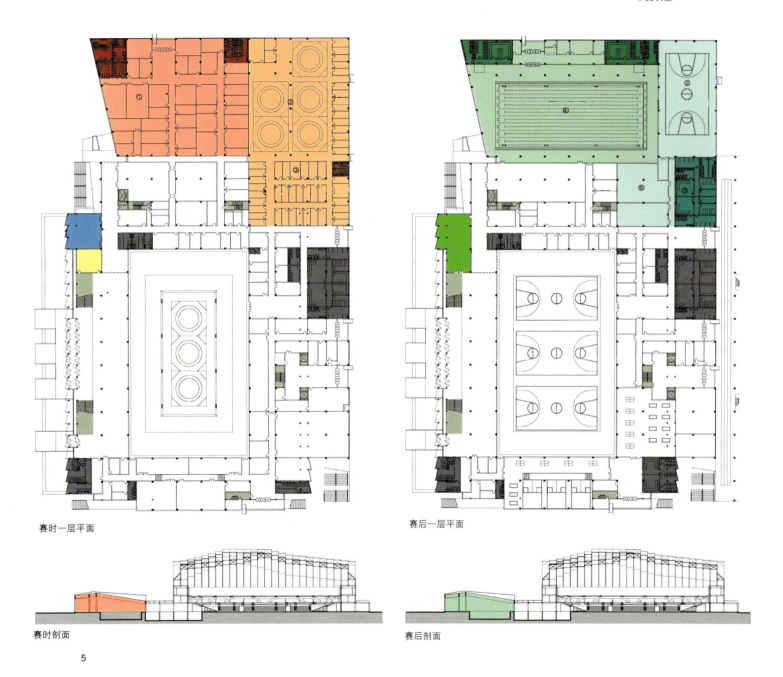

赛时一层平面

赛后一层平面

赛时剖面

赛后剖面

5

5 中国农业大学体育馆赛时和赛后平面变化示意图。中国农业大学体育馆的设计实现了奥运比赛场馆和校园体育馆的结合，并方便了赛后的运营
6 中国农业大学体育馆东立面。东面为操场
7 中国农业大学体育馆西侧主入口。地面赛时会铺上缘石坡道，方便残障人士出入

8 中国农业大学体育馆反对称的立面折线
9 中国农业大学体育馆西侧为小广场和花园
10 中国农业大学体育馆西南侧不远处通向校园南门
11 中国农业大学体育馆立面金属饰面
12 中国农业大学体育馆屋顶韵律

13

13 中国农业大学体育馆顶部高低错落、分层排列的玻璃窗，其中120扇是可电动控制开启的，有自然采光和通风的双重效果
14 中国农业大学体育馆顶部玻璃窗采光设计利用了门式框架原理
15 中国农业大学体育馆馆内红色座席和比赛场地上蓝色的摔跤垫

北京科技大学体育馆 | Beijing Science & Technology University Gymnasium

项目名称：北京科技大学体育馆
建设地点：北京科技大学校内
竣工时间：2007年11月
设计单位：清华大学建筑设计研究院
结构类型：钢筋混凝土主体结构，钢网架屋面结构
占地面积：2.38hm²
总建筑面积：24662m²
层数：体育馆3层，局部4层
观众席座位数：赛时8012个，赛后5050个
停车位数量：74个

在北京科技大学的中轴线上，体现着力量与精致之美的北京科技大学体育馆凝然而立。体育馆的建筑外形，以挺直的线条和极富雕塑感的体块表现了运动的力与美，严谨的立面划分，准确的金属肌理，又充分展现了柔道、跆拳道运动特有的沉着与爆发之力。锈红色的亚光金属屋顶，巨大有序的金属墙面所形成的力量与秩序，与被誉为"钢铁摇篮"的北京科技大学相互契合。

北京科技大学体育馆由主体育馆和一个由50m×25m标准游泳池改造而成的训练馆构成。主体育馆赛时设60m×40m的比赛区和观众座席8012个。奥运会后，体育馆内临时看台将拆除，恢复为5050个标准席。

为充分体现出"绿色奥运、人文奥运、科技奥运"三大理念之一的"绿色奥运"，北京科技大学体育馆采用了光导照明系统，通过采光罩高效采集室外自然光线，并导入系统内重新分配，再经过特殊制作的光导管传输和强化后，由系统底部的漫射装置把自然光均匀高效地照射到任何需要光线的地方。无论黄昏、黎明，无论阴晴雨雪，光导照明系统都将为室内照明提供源源不绝的稳定光源，打破了"照明完全依靠电力"的观念。

北京科技大学体育馆的设计强调以人为本，灵活的建筑设计不但使场馆满足全部比赛需要，而且赛时赛后的功能划分和交通流线可以顺利快捷地转换。充分考虑残障人士的无障碍设计，满足了残障人员的方便使用。体育馆在赛后将最大限度地被学校开发利用，形成学生健身活动中心，保持建筑长期不断的高效率使用，满足学校的多种需求，为广大的师生和社会服务。

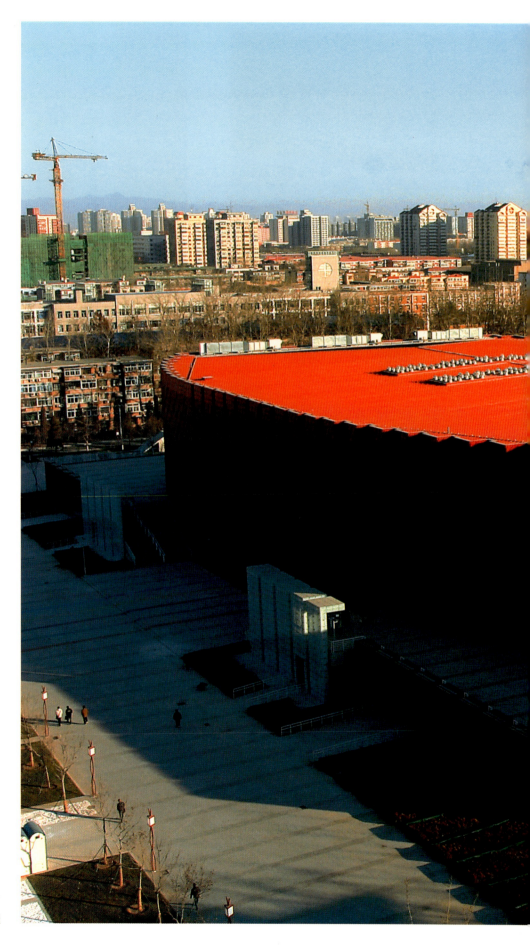

1 北京科技大学体育馆鸟瞰

2

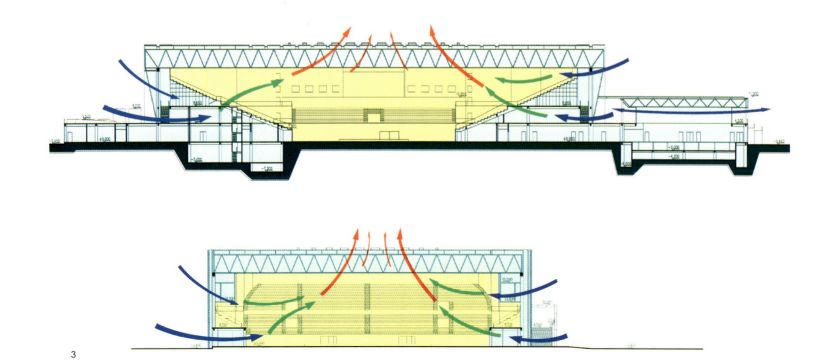

3

2 北京科技大学体育馆正立面效果图
3 北京科技大学体育馆自然通风示意图
4 北京科技大学体育馆剖面图

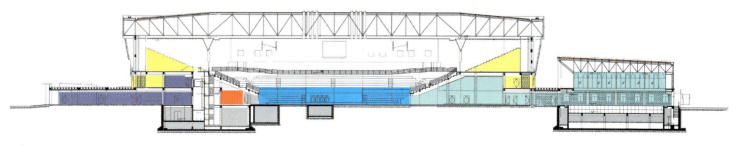

4

5 北京科技大学体育馆前广场上的景观小品，向观众展示了北京科技大学体育馆所承担的奥运比赛项目柔道与跆拳道的主题
6 北京科技大学体育馆富有韵律感的正立面

7

8

9

7 北京科技大学体育馆屋顶光导管
8 北京科技大学体育馆利用顶部光导管和东西两侧玻璃墙采光，可使体育馆白天在不开灯的情况下满足使用要求
9 北京科技大学体育馆赛后用地功能分区图
10 训练馆屋顶使用了太阳能采光板技术，也为体育馆赛后利用提供了方便
11 大跨度钢结构屋顶施工

10 　　　　　　　　　　　11

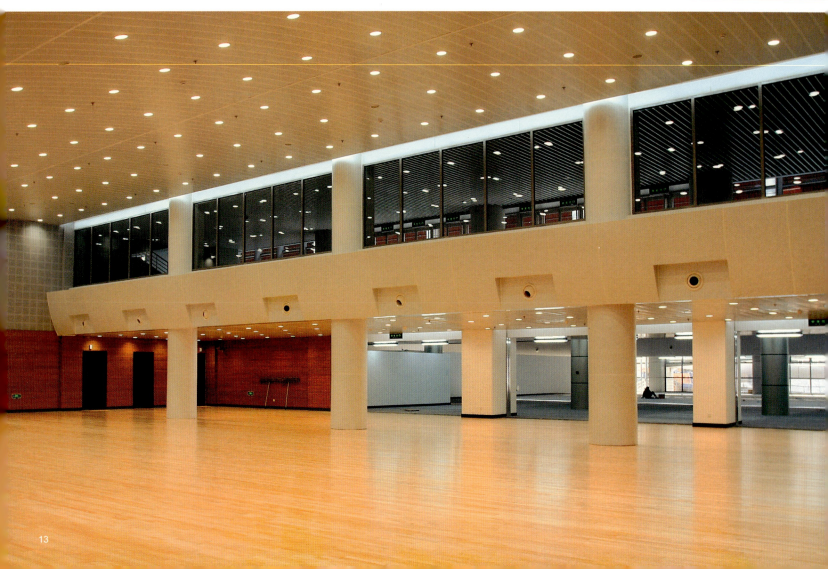

14

① 奥运会柔道比赛馆
② 物流、餐饮、环境控制综合区
③ 无障碍入口

12 北京科技大学体育馆室内赛场效果图
13 北京科技大学体育馆柔道和跆拳道训练馆在原有的游泳池基础上搭建而成
14 北京科技大学体育馆总平面图

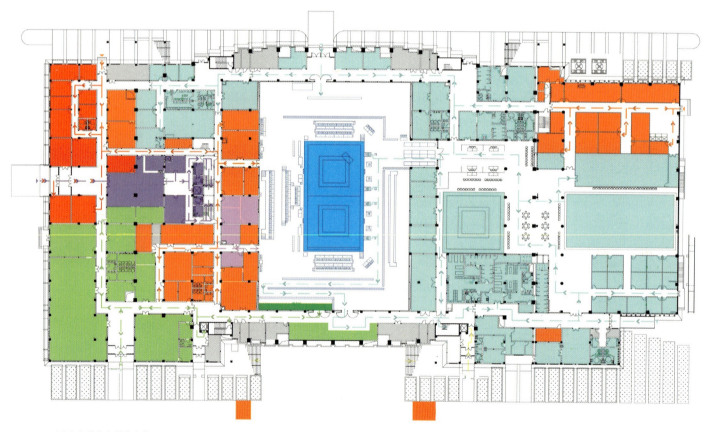

15 北京科技大学体育馆一层平面图

16 北京科技大学体育馆观众活动通廊

北京大学体育馆 | Peking University Gymnasium

项目名称：北京大学体育馆
建设地点：北京大学校内
竣工时间：2007年12月
设计单位：同济大学建筑设计研究院
结构类型：钢筋混凝土主体结构
占地面积：17100m²
总建筑面积：26900m²
层数：地上4层，地下2层
观众席座位数：赛时8000个，赛后6000个
停车位数量：赛时地上303个，地下32个
　　　　　　赛后地上66个，地下32个

与拥有百年历史的中国高等教育学府北京大学遥相呼应，坐落于北京大学东南角的北京大学体育馆是第29届奥林匹克运动会乒乓球比赛场地，也是世界上首座为乒乓球比赛而建的专业比赛场馆。体育馆最为鲜明的特征，就是在端庄的现代建筑形式之中洋溢着浓浓的中国古典建筑韵味。

北京大学体育馆东邻中关村北大街，西至治贝子园，南到太平洋电子大厦二期，北倚北大逸夫壹楼（法学楼）。南北长122.6m，东西宽87.7m，由乒乓球馆和游泳馆两部分组成。乒乓球比赛场位于首层，比赛场地长47m，宽39.5m，可以布置8张乒乓球台进行比赛。

体育馆外形设计典雅大方，基本呈长方形布局。屋盖为跨度达64m的弦支网壳钢结构，由旋转屋脊与中央透明球体组成。屋脊利用金属屋盖上两条螺旋展开的曲面作为形体，合民族、北大、国球、建筑于一脊，被称为"中国脊"，寓意民族之脊、北大之脊、国球之脊和建筑之脊。"中国脊"的设计理念实现了中国传统建筑元素——大屋脊与代表现代建筑的奥运会体育馆大空间的巧妙结合。屋盖中央的玻璃球体模仿了旋转中的乒乓球，体现了乒乓球运动的特征，同时与屋顶的可开启窗一起，保证了室内自然采光和良好的自然通风。屋面上两条屋脊旋转所形成的曲面，很好地诠释了乒乓球运动速度、力量、旋转的真谛。平地仰视，传统造型的"中国脊"伸展两翼，仿中国古典建筑斗栱的混凝土构件以及呈框架状矗立的混凝土板，典雅大方；空中俯瞰，两条旋转的屋脊，中央透明的乒乓球体和飘拂其中的三条彩带，动感十足。

北京大学体育馆总体布局合理，在十分有限的用地范围内缜密规划，既满足了奥运会赛时和赛后的各种功能与交通流线的要求，又较好地解决了与北大传统文脉相呼应的问题。紧邻体育馆西北角的文物保护建筑有治贝子园与6株古树，为此，北京大学体育馆建筑整体布局向东侧退让，形成西部治贝子园、古树和新建院落的连续景观，以多样的空间感受与景观的变化，取得了与北京大学宁静典雅的园林建筑风格相协调的效果。

1 北京大学体育馆全景效果图

2 北京大学体育馆鸟瞰

3

3 北京大学体育馆西侧贵宾入口
4 北京大学体育馆北立面主入口
5 北京大学体育馆西北角无障碍坡道
6 北京大学体育馆室内效果图

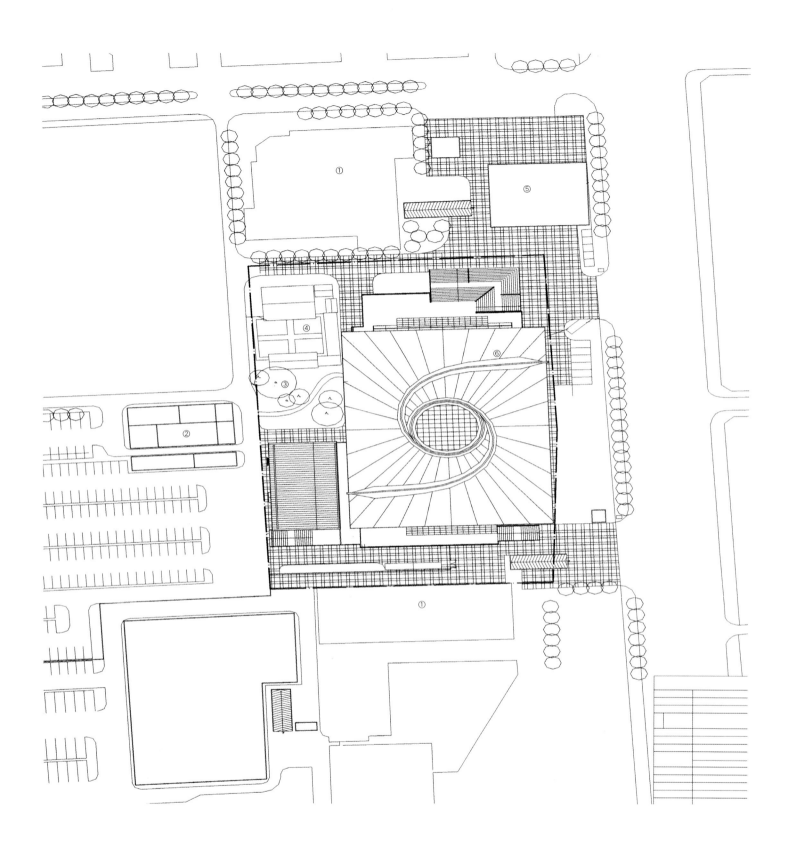

①原有建筑	④历史保护建筑
②临时建筑	⑤安检大门
③保护古树	⑥乒乓球馆

7 北京大学体育馆总平面图
8 北京大学体育馆西南角
9 北京大学体育馆建筑二层平台为观众活动区域
10 北京大学体育馆的屋顶模仿了中国古典建筑元素——大屋顶和斗栱

11

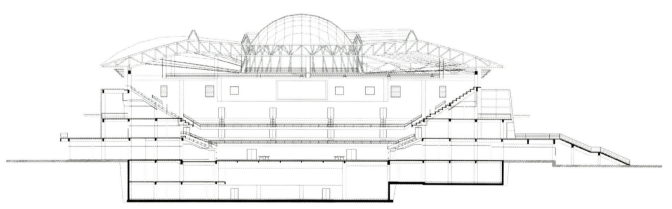

12

13

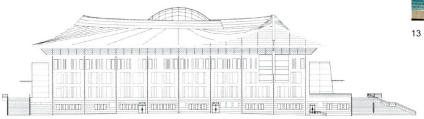

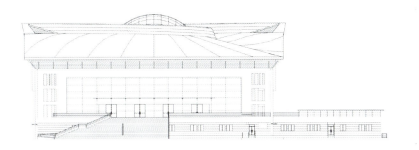

14

11 北京大学体育馆比赛馆
12 北京大学体育馆剖面之一
13 北京大学体育馆顶部
14 北京大学体育馆剖面之二
15 北京大学体育馆二层观众集散大厅

15

北京奥林匹克篮球馆 | Beijing Olympic Basketball Gymnasium

项目名称：北京奥林匹克篮球馆
建设地点：北京五棵松文化体育中心
竣工时间：2008年1月
设计单位：北京市建筑设计研究院
占地面积：19.1087 hm²
总建筑面积：63000m²
层数：5层（含地下层）
观众席座位数：赛时18000个，赛后14000个
停车位数量：136个

在长安街西延长线上，北京奥林匹克篮球馆就像一座金色的立方体，在阳光下熠熠闪耀。LOW-E玻璃幕墙外，是如同金甲一样的铝板。金色铝板作了穿孔装饰后，参差不齐地贴饰在篮球馆的立面上，打造出金波荡漾的畅想。

篮球馆地上4层，地下1层。在体育馆周边有一个大型的下沉广场，观众可以从地面方便地进入体育馆，各种人员流线清晰流畅，功能分区合理。篮球馆内还配置有各种绿色环保设施，如太阳能光伏电池、雨水回收系统、节能空调、中水系统、节水型卫生洁具、节能灯具、自然通风系统、外遮阳系统等。

篮球馆外形简洁，立面设计独特新颖，其纳米涂膜技术和外挑彩釉玻璃密肋系统，具独创性。在篮球馆外立面的顶部，金色铝板被"贴"成参差不齐的锯齿状，犹如熟透的麦穗般随风荡漾。

篮球馆的内部设施参照美国NBA篮球比赛，内场设计、附属设施及显示系统的配置均满足国际最高标准，达到了国际先进水平，是国内第一个设施先进、设备完善的大型篮球馆，并能在内部举办大型文艺表演和冰上表演。

1 北京奥林匹克篮球馆全景

2 北京奥林匹克篮球馆在雪夜灯光的照射下愈显迷人
3 北京奥林匹克篮球馆一角，金色的外立面装饰条在蓝天下熠熠生辉

2

3

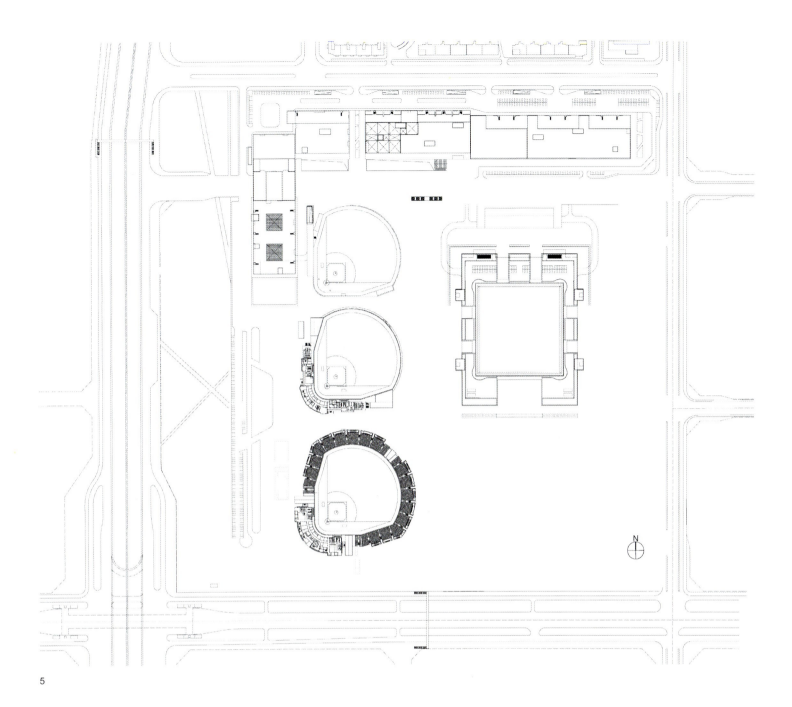

5

6

7

4 北京奥林匹克篮球馆西侧入口与入口天桥
5 五棵松文化体育中心场馆群总平面图
6 北京奥林匹克篮球馆立面装饰效果细部
7 北京奥林匹克篮球馆南立面与文化广场

8 北京奥林匹克篮球馆观众座席区
9 北京奥林匹克篮球馆一层平面图
10 北京奥林匹克篮球馆看台层平面图

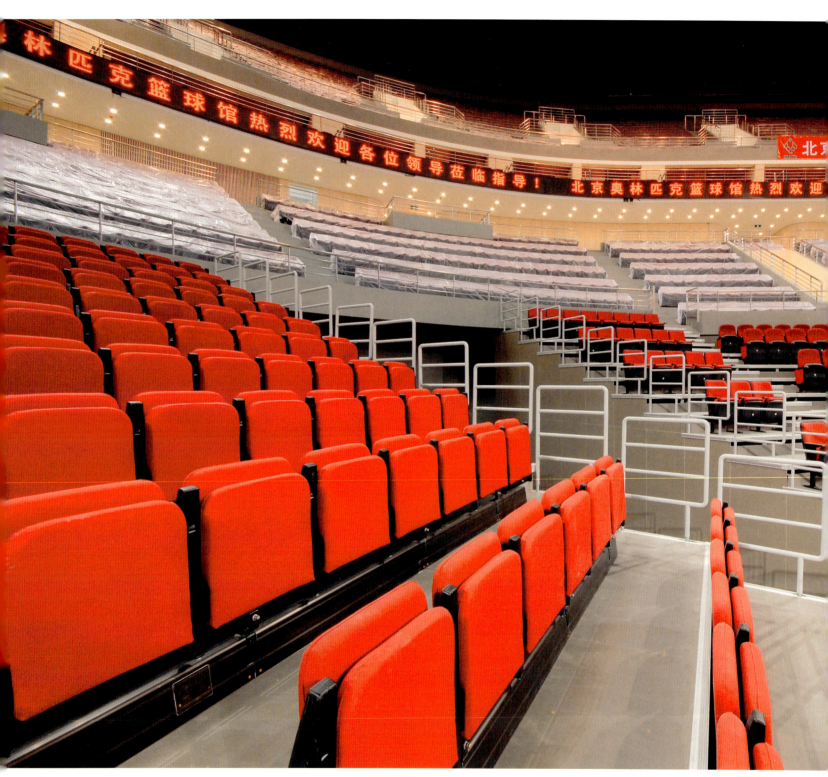

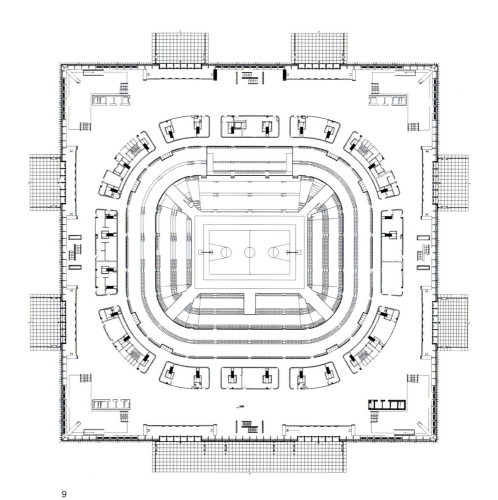

9

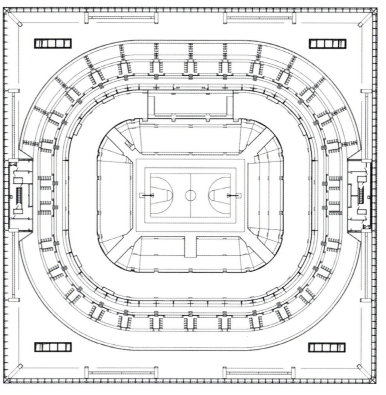

10

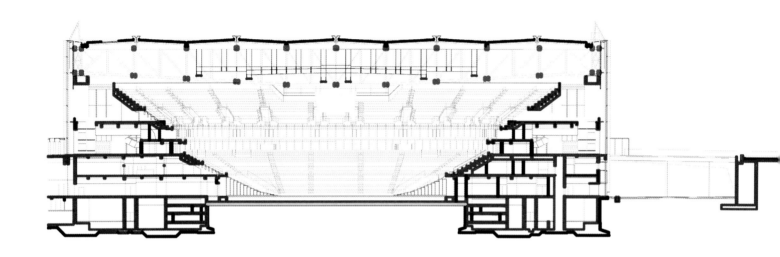

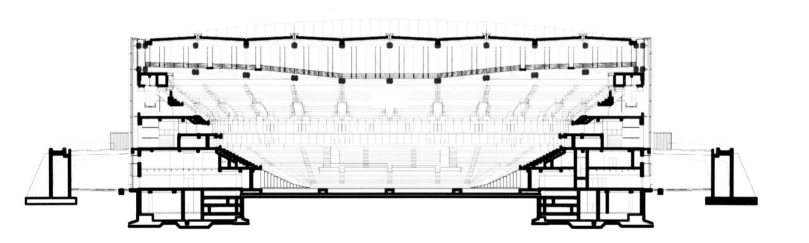

11 北京奥林匹克篮球馆剖面图

12 北京奥林匹克篮球馆内部装饰

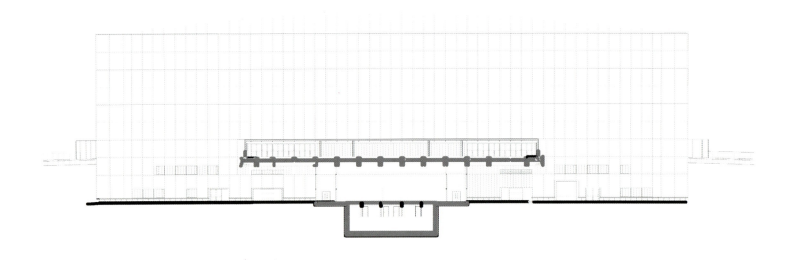

13

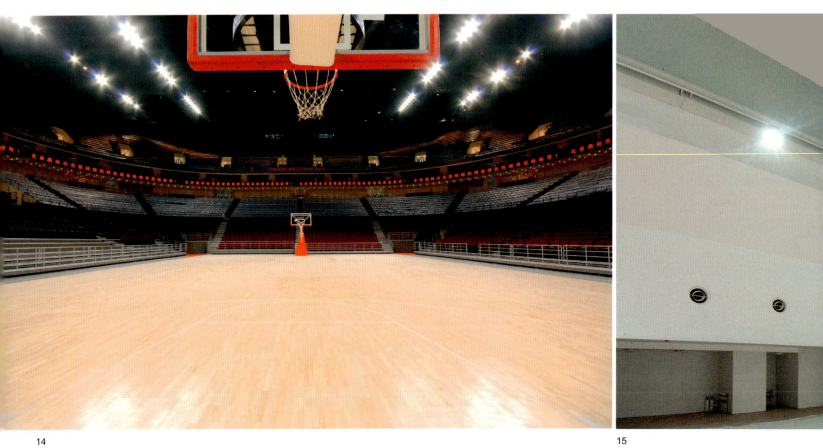

14

15

13 北京奥林匹克篮球馆立面图
14 北京奥林匹克篮球馆的篮球场地完全仿照美国NBA的场地要求建造，可以胜任世界最高级别篮球赛事的要求
15 北京奥林匹克篮球馆观众集散大厅
16 北京奥林匹克篮球馆极富装饰感的红色座椅
17 从内部往外看，外立面金色装饰条的穿孔装饰清晰可见

老山自行车馆 | Laoshan Velodrome

项目名称：老山自行车馆
建设地点：北京石景山区老山西侧
竣工时间：2007年11月
设计单位：中国航天建筑设计研究院
　　　　　广东省建筑设计研究院
结构类型：钢筋混凝土结构，屋面钢结构
占地面积：6.66 hm²
总建筑面积：3.3万 m²
层数：3层
观众席座位数：赛时6000个，赛后3000个

在北京西五环路内侧，八角游乐园对面，老山自行车馆像一个体量巨大的钢架飞碟，气势恢弘地矗立在老山脚下。老山自行车馆整体造型也可以看作一个自行车车手头盔，下部为钢筋混凝土结构，上部屋盖为双层焊接球网壳结构，由24组向外倾斜15°、高度为10.35m的人字柱支撑。从空中俯视，自行车馆就像一朵盛开的向日葵，充满了无限的生机和活力。

老山自行车馆是第29届奥林匹克运动会的场地自行车比赛场馆，位于北京石景山区老山西侧。作为中国第一个木制赛道的室内自行车馆，老山自行车馆不仅拥有国际一流水平的赛道，在赛后也将成为国家队的日常训练基地和国际自行车联盟的亚洲培训基地。

整个自行车馆分为3层。按照场馆的功能分区，自行车馆的一层将设置设备间、自行车库、辅助用房等功能用房。第二层是建筑的核心层。馆内赛道宽达11m，其中包括7m宽的比赛赛道和4m的安全通道，赛道从圆心向外扩散逐渐形成弧形坡度。按照国际自行车联盟的要求，整条赛道的坡度在13°至47°之间。自行车馆的第三层也承担着后勤保障的重要功能，奥运会期间安保系统、监视系统等都将设在这里。

老山自行车馆的屋顶是一个弧形圆顶屋面，它的钢结构就像树木的年轮一样从里向外逐圈延伸，从中心最小的"年轮"至最外的大圈跨度达60m。钢圈之间以无数钢架连接，这些鳞次栉比的钢架连接点钢球直径就有1m之多，整个钢屋面总重达到了1400t。在老山自行车馆穹顶中心、距地面33m高的部分，有一个直径为56m的"大天窗"。为安全及室内照明考虑，天窗采用双层聚碳酸酯板构造，散光作用也很明显。在自然采光方面，如只需应付日常训练，场馆可以不用开灯。

自行车馆还与临近的老山山地自行车比赛场和BMX小轮车比赛场共同组成"老山奥运场馆群"，老山自行车馆将为临近场馆提供部分共用设施。

1 老山自行车馆鸟瞰

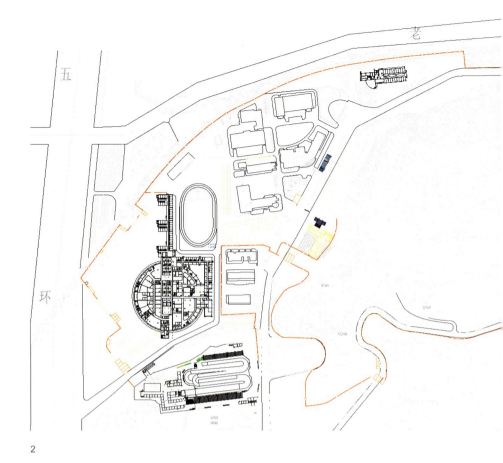

2 老山自行车场馆群总平面图
3 老山自行车馆立面透视图

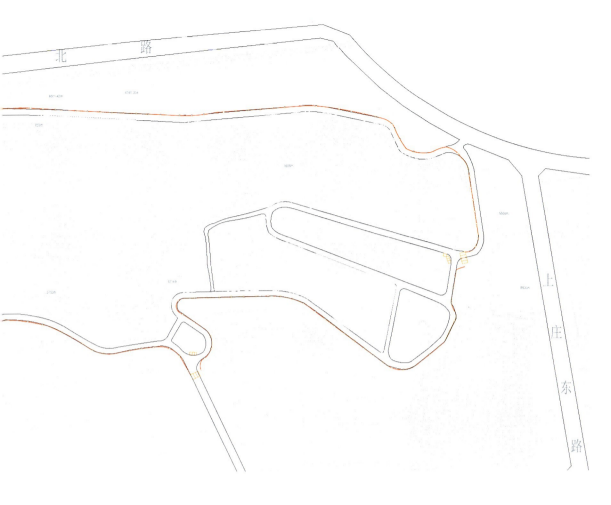

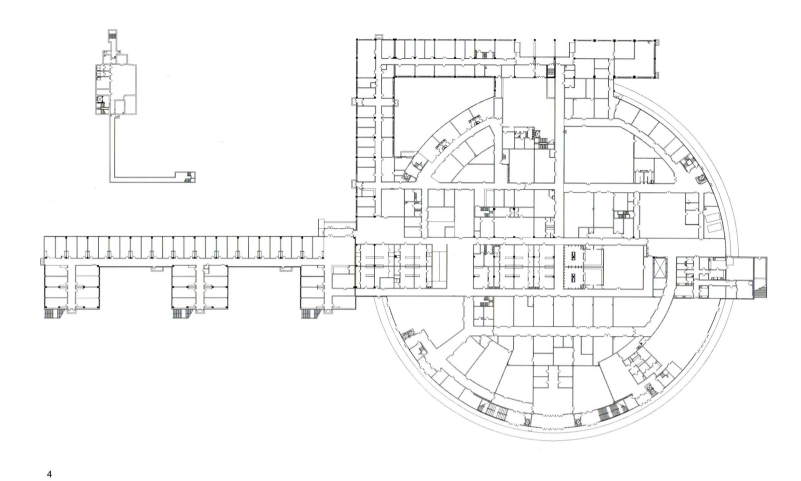

4

5

4 老山自行车馆一层平面图
5 老山自行车馆二层平面图
6 老山自行车馆外立面局部
7 老山自行车馆全景鸟瞰

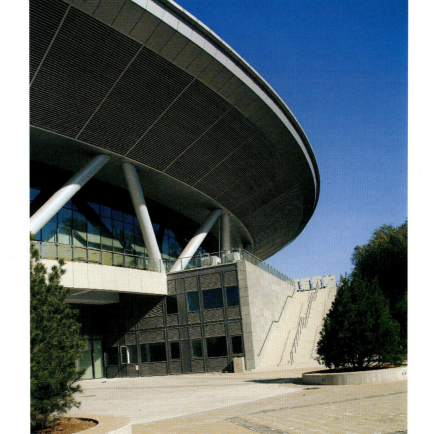

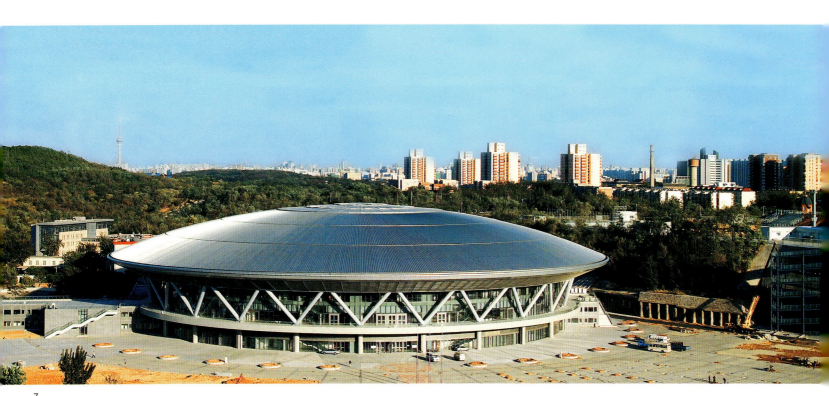

8

8 老山自行车馆主入口
9 老山自行车馆全景
10 夕阳映照下的老山自行车馆
11 老山自行车馆二层V字形支撑立柱

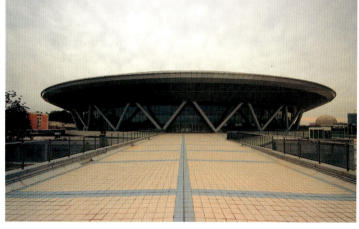

9

10

11

12 老山自行车馆顶部采光穹顶
13 老山自行车馆比赛场地全景
14 座席区后部为场馆采光的玻璃幕墙

12

13

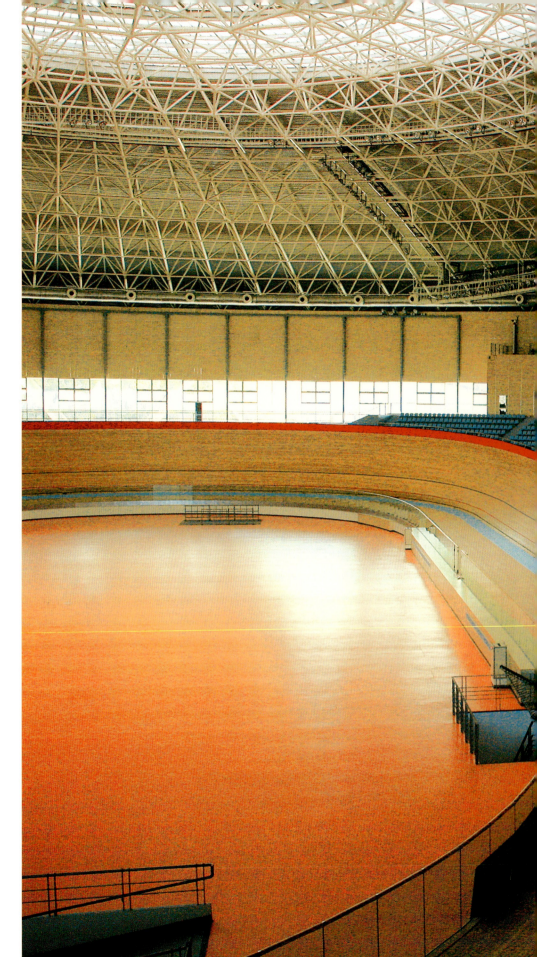

14

北京射击馆 | Beijing Shooting Range Hall

项目名称：北京射击馆
建设地点：北京石景山区福田寺甲3号
竣工时间：2007年7月
设计单位：清华大学建筑设计研究院
占地面积：6.45 hm^2
总建筑面积：47626 m^2
层数：资格赛馆比赛厅2层，观众休息厅3层，决赛馆比赛厅单层，辅助部分4层，地下1层
观众席座位数：资格赛馆6491个，决赛馆2493个
停车位数量：150个

北京射击馆是第29届奥林匹克运动会10m、25m、50m步枪、手枪的比赛场馆，位于北京西郊五环路边，南邻香山南路，北靠翠微山脉，掩映于风景如画的西山绿林中。

北京射击馆建筑功能设置以最佳满足射击比赛独特的竞赛功能要求为出发点，并为场馆赛后利用提供了充分的余地。建筑形体构思取意射击运动起源于林中狩猎，在建筑形式上呼应了森林原始狩猎工具——弓箭的建筑意象。资格赛馆与决赛馆之间的联系部分，建筑设计采用将屋面与入口台阶连成整体的处理手法，由此形成折线弧形开口形状；不仅如此，在资格赛馆水平延伸的形体侧面，以及每个入口处都在重复强调呼应弧形开口的主题，与"弓"的建筑意向形成统一。此外，在面向南侧广场的建筑幕墙外侧，设计采用了木纹铝合金的竖向遮阳百叶。百叶模拟自然的肌理变化，形成抽象的森林意向，与林中射击主题相呼应。

射击馆引入阳光、绿树、风等自然元素，营造了生态宜人、清新健康的室内外环境，与外部环境相融合。它打破了建筑室内与室外环境的严格界限，使用"渗透中庭"、"观景呼吸外壁"、"室内园林"等空间元素将自然环境引入室内，实现了室内外空间之间的相互渗透。建筑运用成熟、可靠、易行的生态建筑技术，充分利用阳光、雨水、自然风等可再生资源，降低建筑环境负荷。如生态呼吸式幕墙、预制清水混凝土外挂板、绿色中庭、浮筑式减振隔声楼板、开敞式空调等技术的运用，在较低的建筑造价控制下，创造了人性、舒适的比赛、观赛条件。

1 北京射击馆鸟瞰

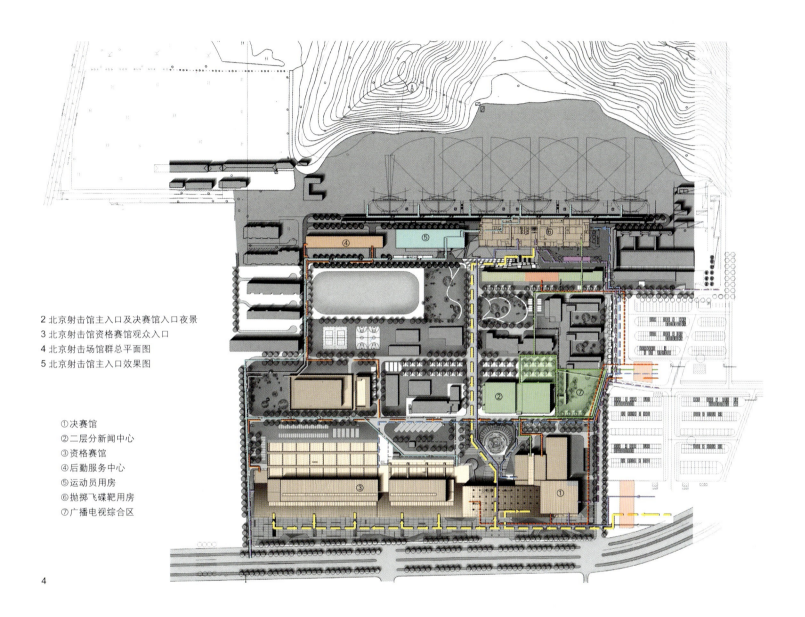

2 北京射击馆主入口及决赛馆入口夜景
3 北京射击馆资格赛馆观众入口
4 北京射击场馆群总平面图
5 北京射击馆主入口效果图

①决赛馆
②二层分新闻中心
③资格赛馆
④后勤服务中心
⑤运动员用房
⑥抛掷飞碟靶用房
⑦广播电视综合区

4

5

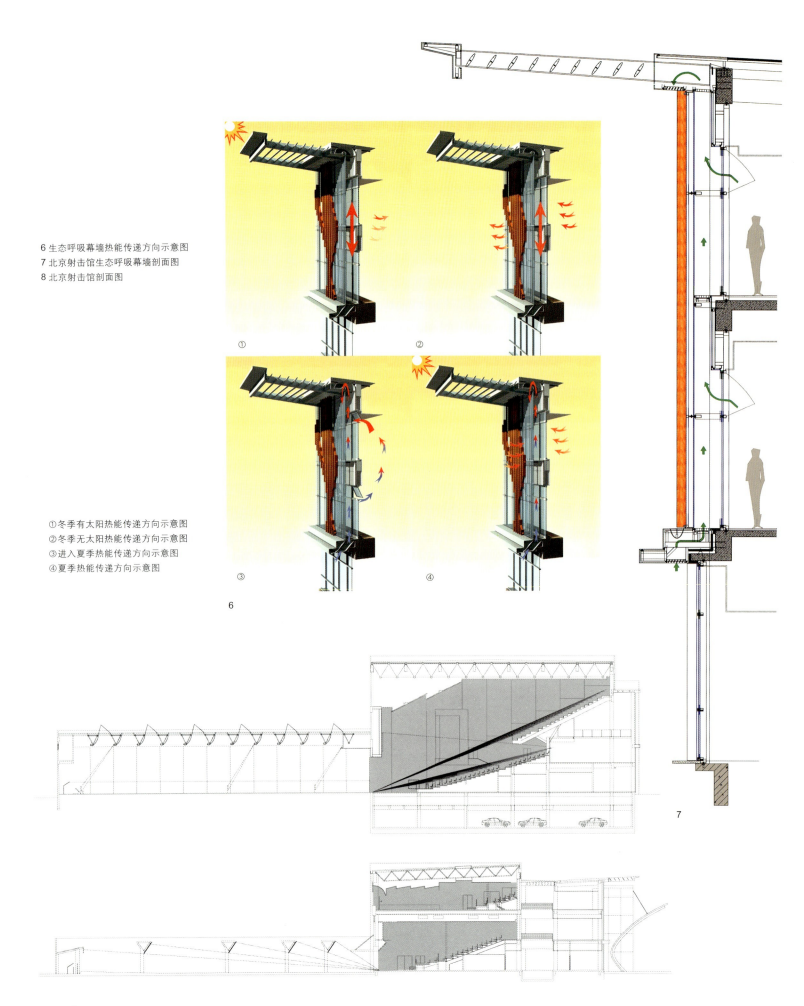

6 生态呼吸幕墙热能传递方向示意图
7 北京射击馆生态呼吸幕墙剖面图
8 北京射击馆剖面图

①冬季有太阳热能传递方向示意图
②冬季无太阳热能传递方向示意图
③进入夏季热能传递方向示意图
④夏季热能传递方向示意图

9 北京射击馆决赛馆入口

10 北京射击馆决赛馆观众休息厅
11 北京射击馆资格赛馆观众共用中庭

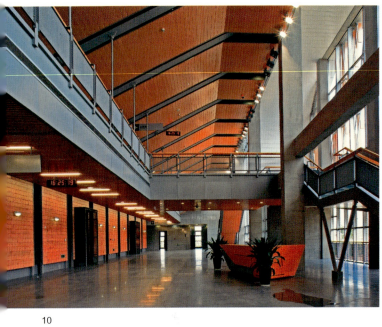

10

11

12

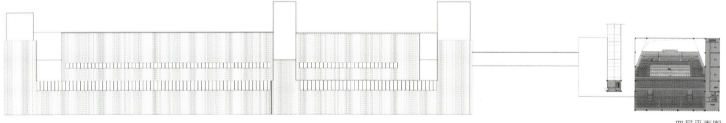

四层平面图

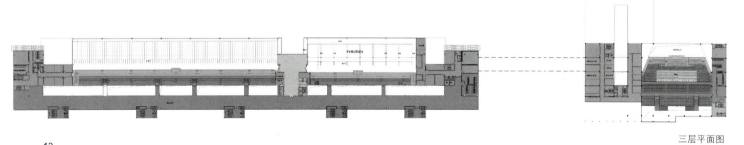

13

三层平面图

12 北京射击馆资格赛馆 50m 射击比赛场地内景
13 北京射击馆三、四层平面图
14 北京射击馆一、二层平面图

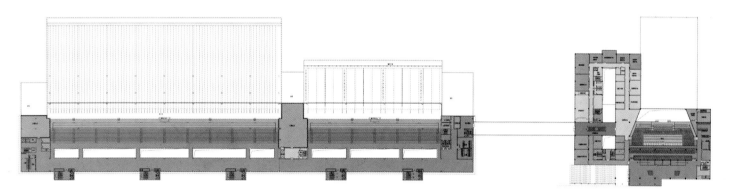

二层平面图

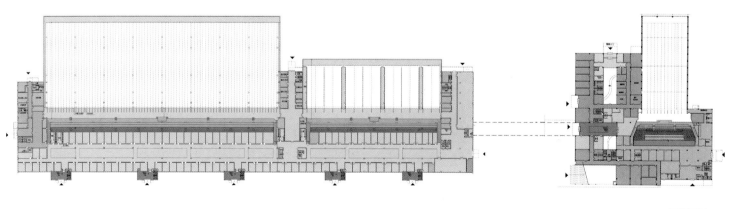

一层平面图

14

北京工业大学体育馆 | Beijing University of Technology Gymnasium

项目名称：北京工业大学体育馆
建设地点：北京工业大学校内
竣工时间：2007年10月
设计单位：华南理工大学建筑设计研究院
结构类型：钢筋混凝土框架
占地面积：66124 m^2
总建筑面积：24383 m^2
层数：地上4层，局部地下1层（比赛馆）
观众席座位数：赛时7500个，赛后5800个
停车位数量：246个

北京工业大学体育馆是第29届奥林匹克运动会羽毛球和艺术体操比赛专用场馆，位于北京工业大学东南角，包括比赛馆和热身馆两部分。从外形上看，平台相连的两座银灰色场馆形状轻盈飘逸，线条简洁流畅，意境空灵轻松，既有羽毛球的造型，又不是完全的模仿，而是让人遐想无限。

北京工业大学体育馆主体结构形式为钢筋混凝土框架结构，屋盖采取预应力弦支穹顶结构，并因此创造了世界上跨度最大的预应力弦支穹顶：最大跨度达93 m，支撑于角度等分的圆周（直径93m）上的36根钢筋混凝土圆柱上。热身馆屋盖为单层钢网壳结构，支撑于角度等分的椭圆（长轴57 m、短轴41 m）上的20根钢筋混凝土圆柱上，外装修以玻璃幕墙、金属幕墙和石材为主，屋面为金属屋面板和半透阳光板。体育馆前方的人行广场以灰、绿、黄三色的彩色透水混凝土为底，给人以轻松愉悦的感觉。

奥运会后，北京工业大学体育馆将成为2008年奥运会留给北京的重要文化遗产之一，同时也将成为北京市东南区域和北京工业大学的标志性建筑之一。

1 北京工业大学体育馆鸟瞰

2

3

4

2 北京工业大学体育馆比赛馆及附属训练馆
3 北京工业大学体育馆比赛馆外部
4 北京工业大学体育馆比赛馆立面效果图

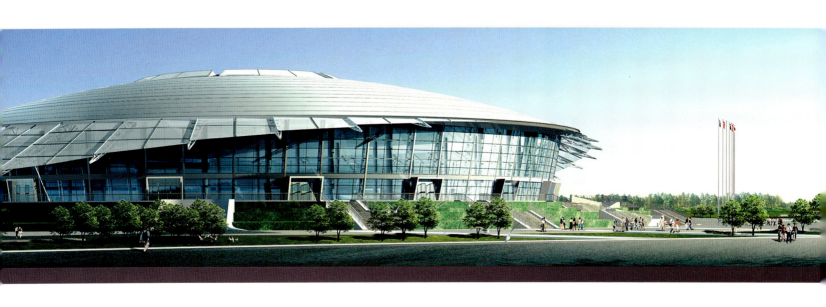

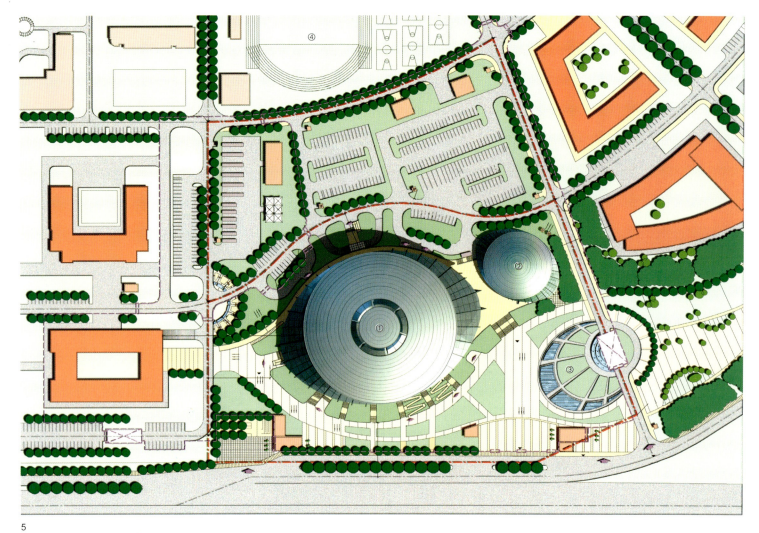

5 北京工业大学体育馆总平面图
6 北京工业大学体育馆比赛馆剖面图
7 北京工业大学体育馆和羽毛球造型相似的屋顶
8 北京工业大学体育馆直通主馆二层的车道

① 比赛馆
② 热身馆
③ 雕塑广场
④ 运动场

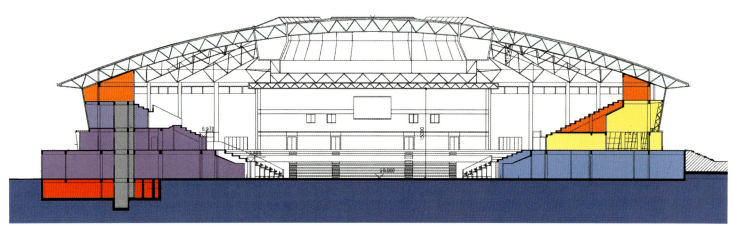

9

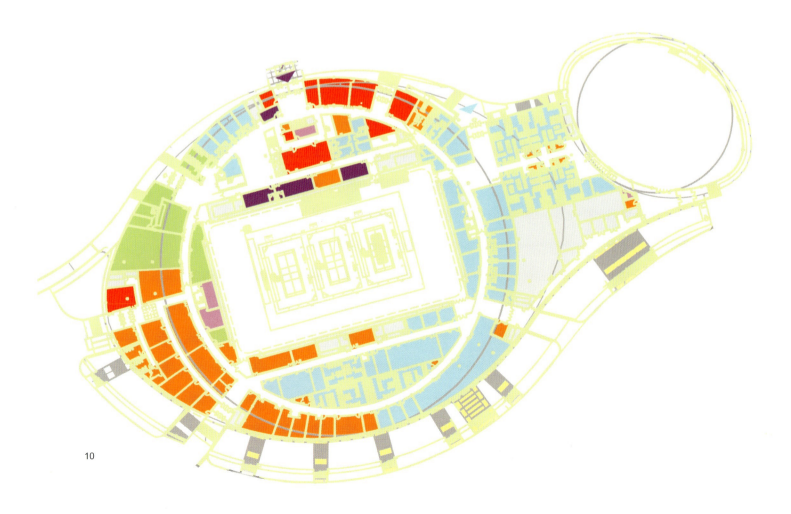
10

132

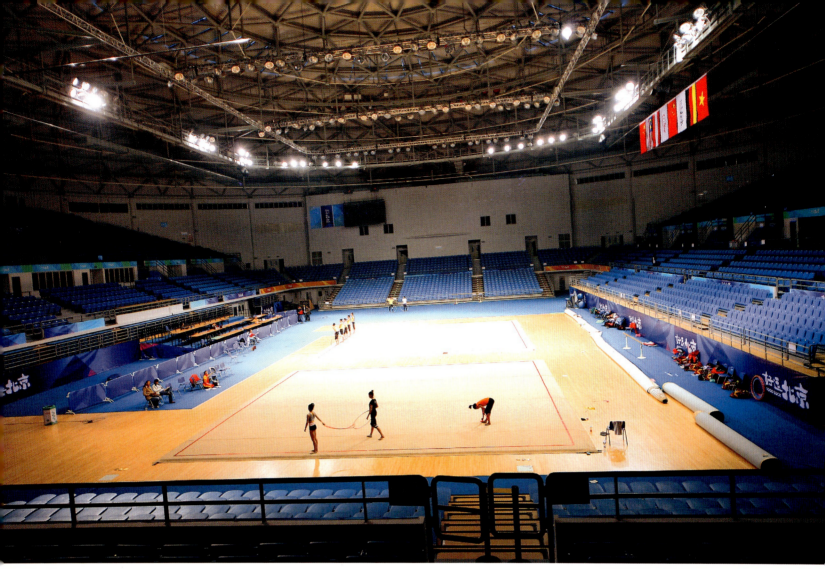

11

9 北京工业大学体育馆比赛场地
10 北京工业大学体育馆比赛馆一层平面图
11 北京工业大学体育馆比赛馆内部

奥林匹克水上公园 | Olympic Rowing-Canoeing Park

项目名称：奥林匹克水上公园
建设地点：北京顺义区潮白河畔
竣工时间：2007年7月
设计单位：田鸿园方建筑设计有限责任公司
　　　　　美国易道和法国电力设计联合体
占地面积：162.59hm²
总建筑面积：31569m²，其中永久建筑面积19404m²，
　　赛时临时设施面积12165m²
观众席座位数：赛艇、皮划艇（静水）赛场设置
　　15000个座席，其中永久座席1200个，临
　　时座席13800个，另设站席10000个；皮划
　　艇（激流回旋）赛场设置12000个临时座席
停车位数量：600个

　　北京东部顺义区的潮白河畔。这里曾经是一片荒凉而优美的河滩，处处疯长的芦苇和野草数度枯荣，默默无闻，冷冷清清。而现在，这里成为了一片极不平凡的热土，建造了一片环境优美的公园场馆——奥林匹克水上公园。在这里，2008年奥运会将产生32块金牌。

　　奥林匹克水上公园是北京奥运会占地面积最大的比赛场馆，也是目前全球惟一的集动水、静水于一体的国际级水上运动比赛场馆。公园水面面积约63.5万m²，绿地面积约58万m²，绿化率超过82%，再加上周边地区的绿化，使这里成为了名副其实的天然氧吧。

　　公园主要比赛区域包括静水赛道和动水区，点缀其间的功能用房和临时建筑体量与风格都非常协调。静水赛道长达2272m，清如泉水，波光粼粼，赛场周围绿树环绕，碧水蓝天，交相辉映。主看台位于静水赛区赛道西岸，紧邻终点塔，设有1200个座席的永久看台。在赛道的东岸，离入口不远的地方就是临时看台。来到这里的观众，完全可以抛弃城市生活的拘束和庸常烦恼，随便选择一个舒服的位置，大大方方地坐在甚至躺在芳草茵茵的草地上尽情享受大自然赠予的阳光、碧水，尽睹眼前百舸争流壮观景象，感受奥林匹克的热情。

　　动水区位于水上公园的西南区域。赛道呈环状设置，总长515m，周围沿着比赛水道外侧弧形设置观众临时座席，在这里，观众可以全面感受激流回旋比赛的刺激。

1 奥林匹克水上公园俯瞰

2 奥林匹克水上公园终点塔与主看台
3 奥林匹克水上公园静水区水面景色
4 奥林匹克水上公园全景
5 奥林匹克水上公园激流区全景

各赛道设计参数如下:

赛艇静水赛道 长度:2272m直道;宽度:162m,包括8个赛道(每个赛道13.5m宽)和两条27m宽的工作道;深度:3.5m。

皮划艇静水赛道 长度:1150m直道;宽度:162m,包括9个赛道(每个赛道9m宽)和两条40.5m宽的工作道;深度:3.5m。

静水赛道热身区 长度:1700m;宽度:65~104m宽,其中65m宽赛道长650m,104m赛道长1050m;深度:2.0m。

激流回旋赛道 综合赛道总长为515m,其中奥运专业赛道的总长为280m;热身赛道,即初学者赛道的总长为130m;下滑冲浪水道总长为105m。

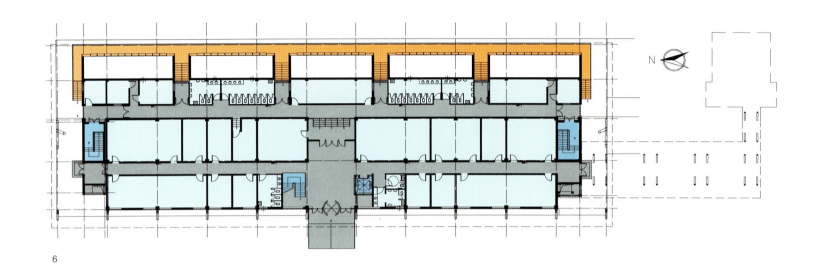

6

6 奥林匹克水上公园静水区主看台首层平面
7 奥林匹克水上公园静水区主看台分析
8 奥林匹克水上公园静水区主看台
9 奥林匹克水上公园终点塔与主看台正面

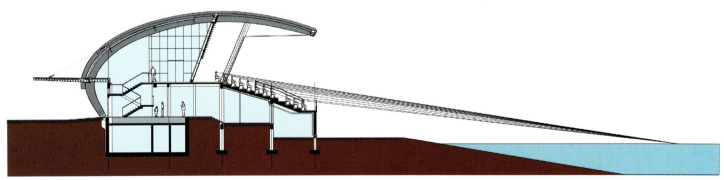

7

8

9

10 奥林匹克水上公园静水艇库
11 奥林匹克水上公园桨之桥，以桨作为设计意象
12 奥林匹克水上公园激流区艇库，屋顶设计成为荡漾的波浪形状

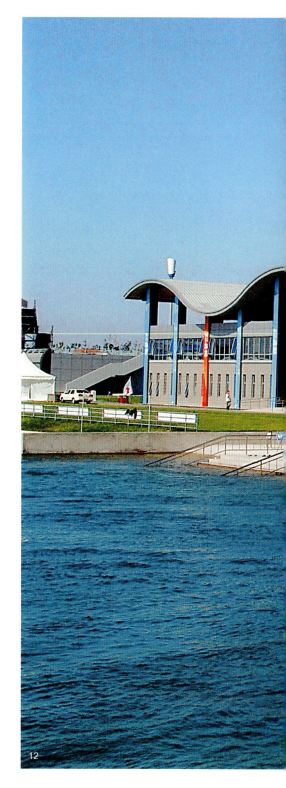

青岛奥林匹克帆船中心 | Qingdao Olympic Sailing Center

项目名称：青岛奥林匹克帆船中心
建设地点：山东省青岛市浮山湾畔
竣工时间：2008年1月
设计单位：北京市建筑设计研究院
占地面积：85132m^2
总建筑面积：137703m^2。其中地上建筑面积为87990m^2，地下建筑面积为49713m^2
停车位数量：1000辆。地上停车位数量347，地下停车位数量653个

- 奥运村
  建设用地：25963m^2
  总建筑面积：90655m^2
  建筑层数：地上17层，地下2层
  建筑高度：62m
  停车位数量：413个（地上362个，地下51个）

- 行政与比赛中心
  建设用地：17194m^2
  总建筑面积：16817m^2
  建筑层数：地上3～6层，地下1层
  建筑高度：23.8 m
  停车位数量：42个

- 运动员中心
  建设用地：11091m^2
  总建筑面积：16613m^2
  建筑层数：地上3层，地下2层
  建筑高度：21 m
  停车位数量：65个

- 后勤与保障中心
  建设用地：15938m^2
  总建筑面积：5800m^2
  建筑层数：地上2层，地下1层
  建筑高度：13.2m
  停车位数量：20个

- 媒体中心
  建设用地：14946m^2
  总建筑面积：7818m^2
  建筑层数：地上2层，地下1层
  建筑高度：13.7m（观光塔39.6m）
  停车位数量：55个

1 青岛奥林匹克帆船中心全景效果图

2 青岛奥林匹克帆船中心总平面图

① 奥运纪念墙码头
② 干船坞
③ 行政办公中心
④ 奥运村
⑤ 运动员中心
⑥ 奥林匹克广场
⑦ 新闻媒体中心
⑧ 维修中心
⑨ 测量大厅

4

3（见前页）青岛奥林匹克帆船中心运动员中心观光塔
4 青岛奥林匹克帆船中心运动员中心外景
5 青岛奥林匹克帆船中心运动员中心一层平面图
6 青岛奥林匹克帆船中心运动员中心西立面图

依山面海，风景秀美的青岛奥林匹克帆船中心位于山东省青岛市浮山湾畔——原北海船厂用地内，这里将是第29届奥林匹克运动会和第13届残疾人奥林匹克运动会帆船项目的比赛场地。

青岛奥林匹克帆船中心包括陆域工程和水域工程两部分。陆域工程结合地形条件，规划设计了行政与比赛中心、奥运村、运动员中心、媒体中心、后勤保障与供应中心五个建筑单体以及环境等配套工程，奥运会期间为运动员提供住宿、休闲娱乐、训练学习、媒体宣传等场所。水域工程包括主防波堤、次防波堤、突堤码头、奥运纪念墙码头、护岸改造等。项目总体布局具有明确而强烈的轴线，并利用生态型的建筑群体界定不同的开敞空间，力图强化公共区域和滨水的特点。

结合帆船项目竞赛的特点，青岛奥林匹克帆船中心内各建筑从舰船、小艇和帆等比赛意象中汲取灵感，建筑设计中散发着浓厚的海洋气息，每座建筑均具有高度的雕塑性。建筑立面采用玻璃幕墙、遮光百叶、金属板材以及石材等环保性材料的交错使用，塑造出灵动、轻盈、通透的外形体态，塑造出区域的地表性建筑群。单体建筑互为映衬，形成一个高度和谐、特色鲜明的建筑群体。

5

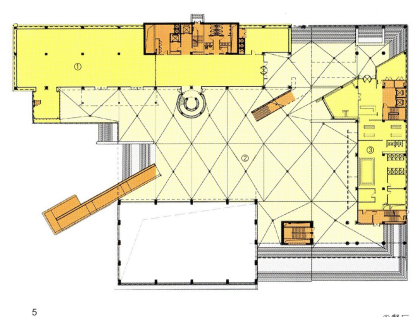

①餐厅
②室外平台
③洗浴间
④车道

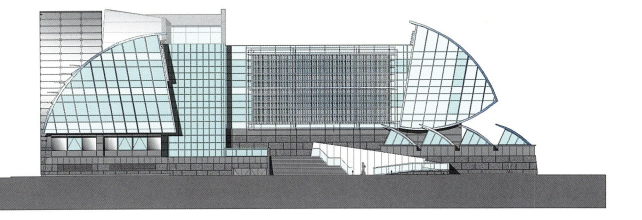

6

7

8

① 接待大厅
② 办公用房
③ 备餐间
④ 多功能厅
⑤ 中庭

9

7 青岛奥林匹克帆船中心媒体中心外景
8 青岛奥林匹克帆船中心行政与比赛中心一层平面图
9 青岛奥林匹克帆船中心媒体中心一层平面图
10 青岛奥林匹克帆船中心行政与比赛中心立面图

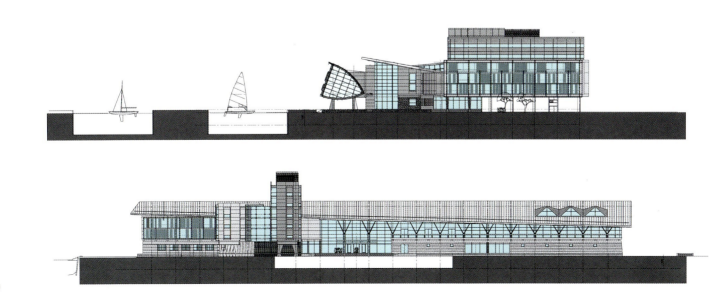

10

11

11 青岛奥林匹克帆船中心奥运村外景
12 青岛奥林匹克帆船中心奥运村南立面图
13 青岛奥林匹克帆船中心后勤保障与供应中心东北立面图
14 青岛奥林匹克帆船中心奥运村二层平面图

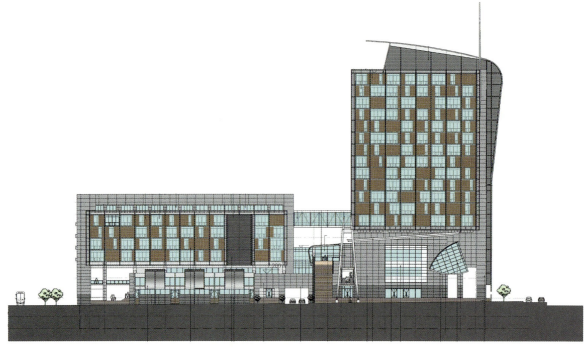

12

13

14

①报告厅
②办公用房
③空调机房
④屋顶平台
⑤奥运村通向运动员中心的连廊

天津奥林匹克中心体育场 | Tianjin Olympic Center Stadium

项目名称：天津奥林匹克中心体育场
建设地点：天津南开区
竣工时间：2007年8月
设计单位：佐藤综合计画
　　　　　天津市建筑设计院
占地面积：45 hm²
总建筑面积：16.9万 m²。其中地面建筑面积15.6
　　　　　万 m²，地下建筑面积1.3万 m²
层数：6层
观众席座位数：6万个
停车位数量：1000个

天津奥林匹克中心体育场坐落在天津市区西南部，是第29届奥林匹克运动会足球比赛分赛场。体育场四周邻近城市主要干道，地势平坦并有开阔的天然水面，用地的西北侧与风景秀丽的水上公园相邻，东北方向与著名的天津电视塔相望，并与一座水上运动中心、一座国际体育交流中心及已建成的天津体育馆共同组成天津奥林匹克体育中心整体规划。

天津奥林匹克中心整体规划方案以水为主题，体育场临水而建，依水而起，并与待建的水上中心一样呈线条流畅的水滴状，与已经建成的天津体育馆共同组成三颗清亮的水滴，以不同的姿态呈现于水面之上，展现出"大珠小珠落玉盘"般的诗意画卷。其中体育场是三颗水滴中最大的一颗，它仿佛一滴水从天而降，定格在将入水而未入的瞬间，"水滴"与周围10万 m²的水面交相辉映，寓意人类回归自然的理念。

天津奥林匹克中心体育场设计成"水滴"形状，其效果主要体现在屋面材料的运用，在已经成型的"水滴"钢结构上，分别填充顶层阳光板、中间层金属板和临地面层高墙玻璃，构成一个巨大无比的屋盖。通过分层次交错施工，形成"水滴"顶部透明、中间一圈封闭、下边一圈透明的变换视觉效果，充分表现出"水滴"的时尚动感之美。

整个中心体育场南北长380m，东西长270m，高53m，设计分为6层。体育场设有卖场、展馆、会议厅、健身室等多项辅助设施，既可成为国际足球和田径比赛场地，也可成为融群众休闲、娱乐、健身、购物于一体的综合性体育场。

1 天津奥林匹克中心体育场总体规划效果图

2

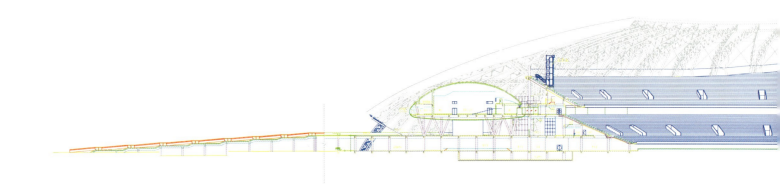
3

2 天津奥林匹克中心体育场俯瞰
3 天津奥林匹克中心体育场剖面图
4 天津奥林匹克中心体育场全景

4

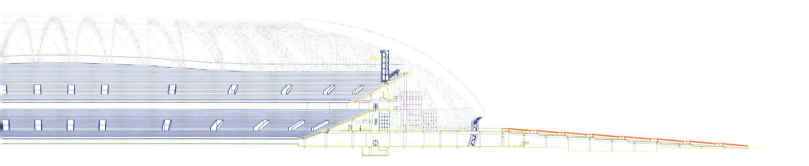

155

5

6

5 天津奥林匹克中心体育场灯光璀璨
6 天津奥林匹克中心体育场水滨夜景
7 天津奥林匹克中心体育场前雕塑

8 天津奥林匹克中心体育场外廊
9 天津奥林匹克中心体育场内部（局部）
10 天津奥林匹克中心体育场内部（全景）

秦皇岛市奥体中心体育场 | Qinhuangdao Olympic Sports Center Stadium

项目名称：秦皇岛市奥体中心体育场
建设地点：秦皇岛市河北大街
竣工时间：2004年5月
设计单位：同济大学建筑设计研究院
层数：6层
占地面积：16.88hm^2
总建筑面积：48000m^2
观众席座位数：33000个

　　秦皇岛市奥体中心体育场是第29届奥林匹克运动会足球分赛场，位于秦皇岛市区西南的海港区，北临河北大街，西邻文昌路，南侧为文生街。

　　秦皇岛市奥体中心体育场用地面积16.88hm^2，场内设有半径36.5m的400m环形跑道标准田径场，跑道内设有68m×105m的天然草皮足球场。规划上受地形条件限制，为满足运动场长轴方向正南北向的比赛要求，体育场四周道路与周围城市道路成45°布置，体育场观众席内圈椭圆与外圈椭圆中心线东西相距15m，以使视距质量较好的西看台可容纳更多的观众。看台共设有33000个座席，其中有66个无障碍座席。

　　"人文奥运、绿色奥运、科技奥运"的设计理念始终贯穿于秦皇岛市奥体中心体育场的设计，建筑造型力求简洁、明快。整个体育场的屋顶采用混凝土柱上立钢柱与悬索钢桁架的组合结构，上覆膜材。轻巧的悬索钢桁架，强烈的动感和曲线优美的马鞍形天际轮廓线，乳白色的屋盖覆膜，使体育场白天在蓝天的背景下，似一张白帆升起在海面上；夜晚，在泛光灯照明的陪衬下，像一个光芒闪烁的巨大扇贝静卧在海边，展示着海边建筑的地方特色。

1 秦皇岛市奥体中心体育场夜景

4

2 秦皇岛市奥体中心体育场西立面全景
3 秦皇岛市奥体中心体育场南立面全景
4 秦皇岛市奥体中心体育场入口全景
5 秦皇岛市奥体中心总平面图

① 体育场　　⑤ 体育宾馆　　⑨ 训练馆
② 田径训练场　⑥ 游泳馆　　　⑩ 网球场
③ 体育馆　　⑦ 室外靶场　　⑪ 足球训练场
④ 微型高尔夫球练习场　⑧ 地下射击场

5

163

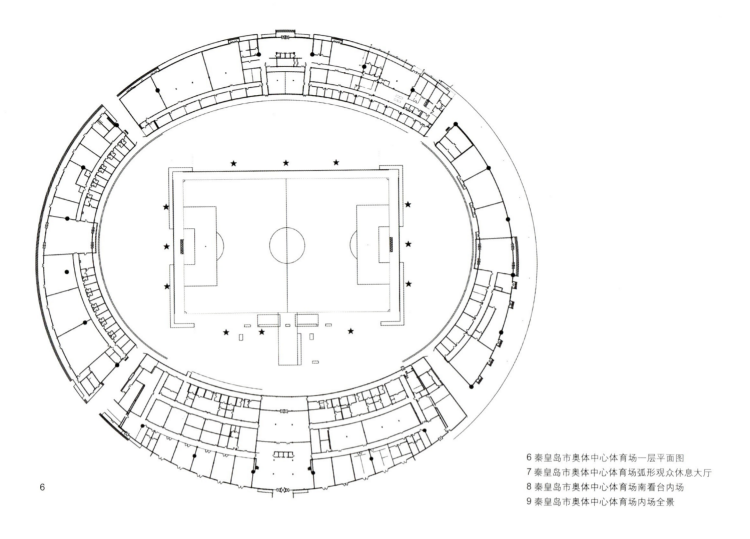

6 秦皇岛市奥体中心体育场一层平面图
7 秦皇岛市奥体中心体育场弧形观众休息大厅
8 秦皇岛市奥体中心体育场南看台内场
9 秦皇岛市奥体中心体育场内场全景

第二篇 改扩建奥运场馆

奥体中心体育场

奥体中心体育馆

英东游泳馆

北京航空航天大学体育馆

北京理工大学体育馆

首都体育馆

老山山地自行车场

北京射击场飞碟靶场

丰台体育中心垒球场

北京工人体育场

北京工人体育馆

上海体育场

沈阳奥林匹克体育中心

香港奥运马术比赛场（双鱼河和沙田）

奥体中心体育场 | Olympic Sports Center Stadium

项目名称：奥体中心体育场
建设地点：北京奥林匹克体育中心南部
竣工时间：2007 年 8 月
设计单位：北京市建筑设计研究院
总用地面积：8.5 hm²

建筑面积：37052m²
层数：6 层
观众席座位数：赛时 40000 个，赛后 38520 个
停车位数量：713 个

建成于 1990 年的大型室外体育场馆——奥体中心体育场曾经以其马踏飞燕的建筑联想意象和硕大平稳的马蹄造型，与奥体中心建筑群的其他两座建筑——英东游泳馆、奥体中心体育馆一起，领中国体育场馆建设之风骚，获得

1 奥体中心体育场俯瞰

过国际奥委会颁发的体育建筑铜奖，并成为区域性公众体育活动中心。随着2008年北京奥运会的来临，这座略显陈旧的体育场馆目前焕然一新，迎来了又一个生命之春，以崭新的姿态迎接着第29届奥林匹克运动会现代五项的马术和跑步比赛。

自2006年4月开始，奥体中心体育场按照奥运会现代五项马术障碍赛的比赛要求，进行了全面的改扩建。建筑面积由原来的2万 m² 扩至3.7万 m²，建筑高度由25.9m提高到43.0m；赛场保留了原有的田径比赛功能，足球场被改建成高标准的临时马术场；原东西看台上半部分结构及罩棚、所有房间除主体结构以外的隔墙及管线设施被拆除，在对原有基础、梁、柱进行结构加固的基础上，新建了东西二

2

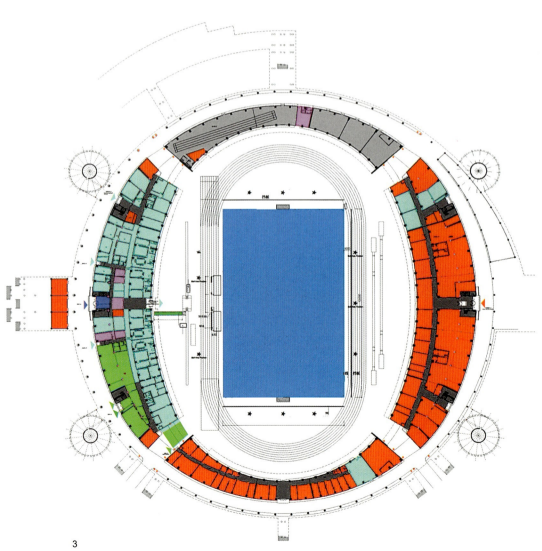

3

层和五层看台以及三、四层包厢。改造后的体育场,四周点缀着4个凉亭式旋转坡道,它既可以引导观众直达五层看台,又可以分散人流,为体育场平添了几许现代的气息;旋转坡道屋面的非晶硅太阳能光伏发电板,采用了最新的太阳能利用技术,每年可为坡道的景观照明提供56280kWh电能。不仅如此,改扩建后的奥体中心体育场还新增了广播音响、彩屏LED、烟感报警、集中空调、场地自动喷灌、保安监控、百米终点摄像、东西遮阳罩棚、网络宽带等先进系统,功能更加完备,并在科技、环保、节能、无障碍设施与服务方面有显著的提高,成为奥体中心建筑群的新的亮点。

2 奥体中心体育场内部全景
3 奥体中心体育场一层平面图
4 奥体中心体育场东侧

6

5 奥体中心体育场和西侧马厩
6 奥体中心体育场四角上的无障碍停车位和坡道
7 奥体中心体育场剖面图

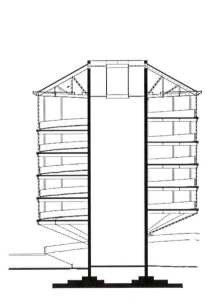
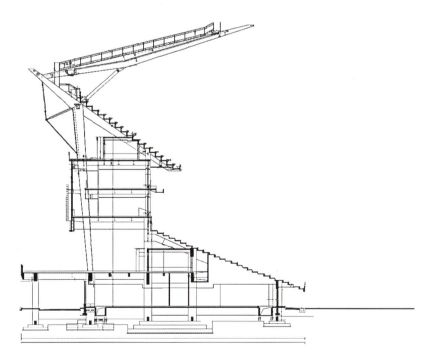

7

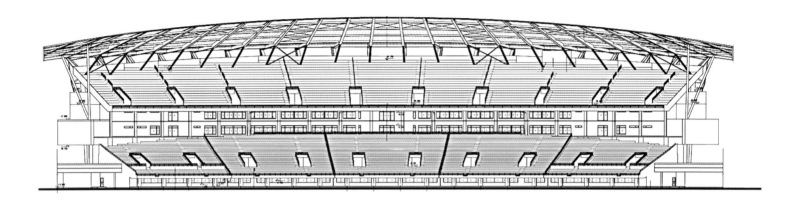
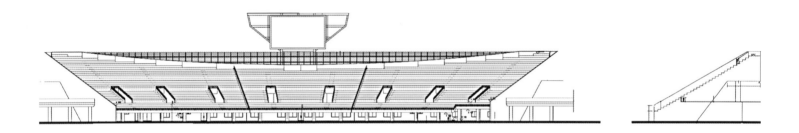
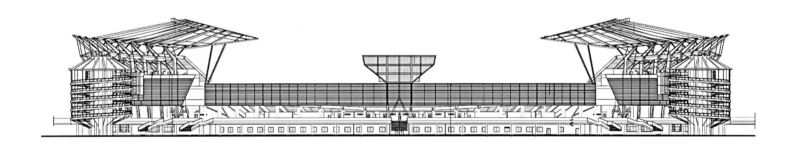
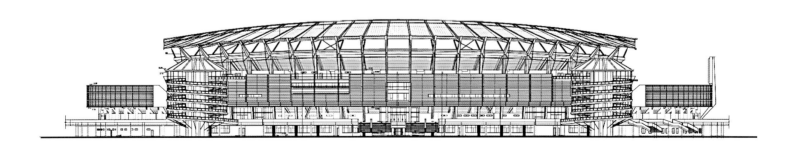

8 奥体中心体育场立面图
9 奥体中心体育场外立面细部

10 奥体中心体育场西侧
11 奥体中心体育场内走廊
12 奥体中心体育场内雕塑小品

奥体中心体育馆 | Olympic Sports Center Gymnasium

项目名称：奥体中心体育馆
建设地点：北京奥林匹克体育中心西北部
竣工时间：2007年下半年
设计单位：北京市建筑设计研究院
总建筑面积：32410m^2。其中地上面积为28365m^2，
　　　　　地下建筑面积为4045m^2
层数：地上3层，地下1层（局部）
观众席座位数：7000个

　　位于奥体中心西北部的奥体中心体育馆是第29届奥林匹克夏季运动会手球预赛和1/4决赛场地，以及残疾人奥运会的盲人门球、轮椅篮球、轮椅击剑、轮椅橄榄球的训练场馆。

　　作为奥林匹克体育中心三大主体建筑之一，奥体中心体育馆最初是当年国内比较先进的体育馆，但随着国际体育竞技运动的不断发展和科技的持续进步，当年的设备和服务设施已经无法完全适应最新的奥运会的要求，设备陈旧、设计不足等矛盾凸现，改造势在必行。

　　奥体中心体育馆改扩建工程的主要部分之一就是检测和维修、加固建筑主体结构。体育馆采用双曲面金属屋面，实现了围护、保温、装饰、防水和降噪等多个目标，而电动百叶窗和电动开启窗则为体育馆带来了自然的阳光和通风；外立面维持原来整体形象，建筑外墙面采用了铝镁锰板，并且采用保温、吸声等功能进行复合设计和安装，更换了保温型的门窗，外墙保温性能增强；经过重新设计和建设，体育馆南大门被设置为观众的主入口，为这座极具象征主义意味的建筑吹来了一阵简约之风；比赛大厅内，座椅全部换成了典雅、浪漫、柔和的淡紫色，地板进行了全面更换，整体音响设计也更加完善。其他改扩建工程项目还包括室外平台的改造和相关功能用房的设置等。此外，奥体中心体育馆还根据国际残奥会和北京奥组委对于无障碍设计的要求，增加了无障碍坡道和无障碍厕卫设施等，为残奥会各项目的训练工作准备了良好的条件。

　　如今，面积几乎增加一倍的奥体中心体育场已经脱胎换骨，以全新姿态亮相渴望着奥运殊荣的降临。

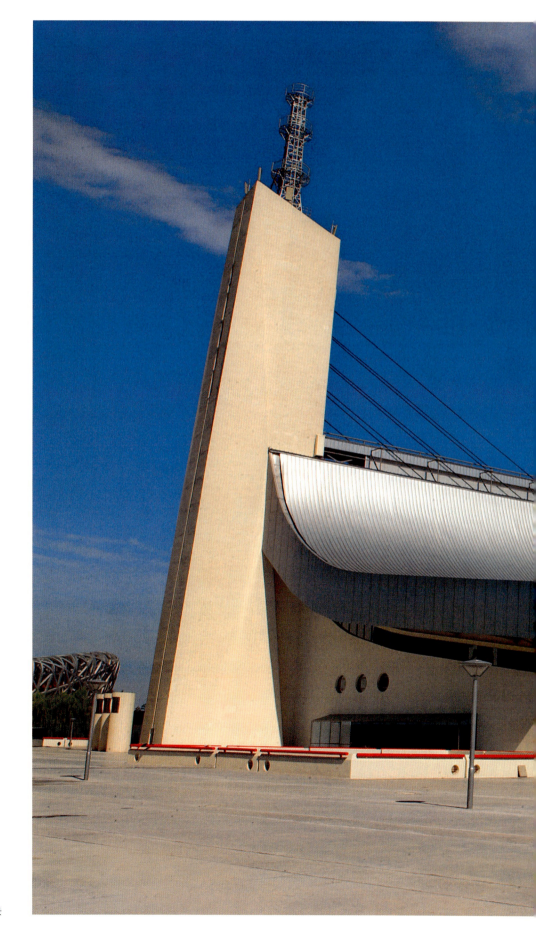

1 奥体中心体育馆外景

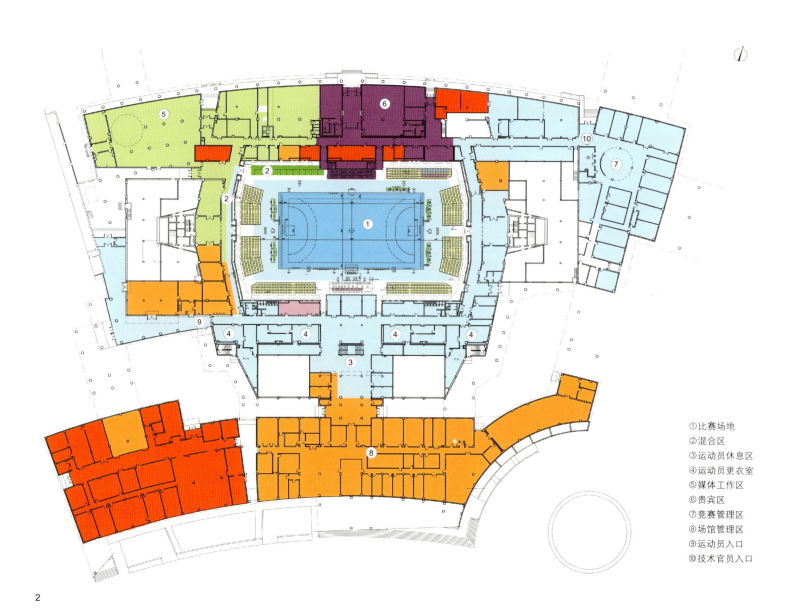

① 比赛场地
② 混合区
③ 运动员休息区
④ 运动员更衣室
⑤ 媒体工作区
⑥ 贵宾区
⑦ 竞赛管理区
⑧ 场馆管理区
⑨ 运动员入口
⑩ 技术官员入口

2 奥体中心体育馆一层平面图
3 奥体中心体育馆比赛馆内景之一
4 奥体中心体育馆比赛馆内景之二

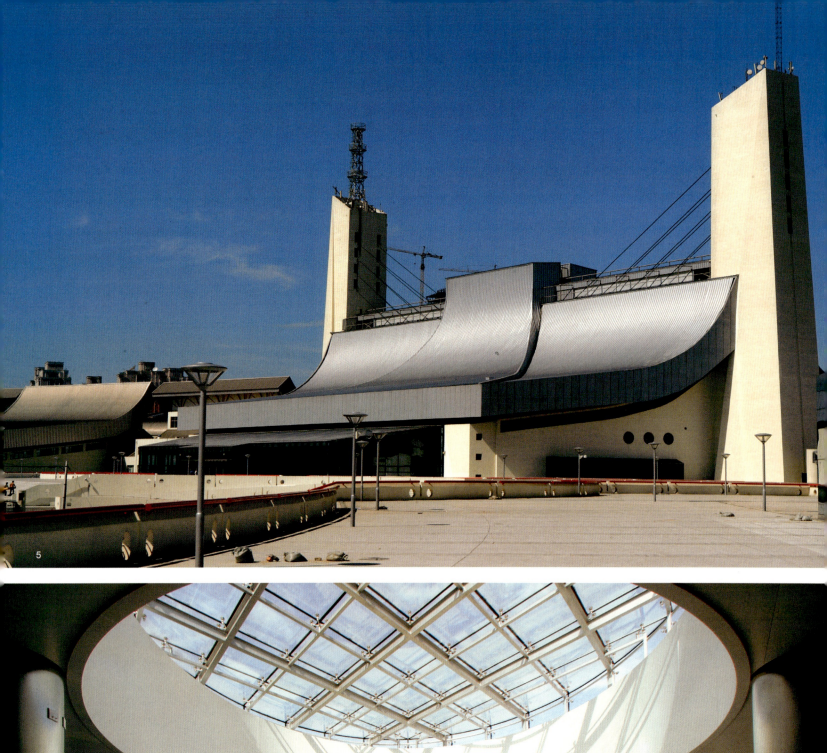

5 奥体中心体育馆南立面
6 奥体中心体育馆采光天窗
7 奥体中心体育馆二层平面图

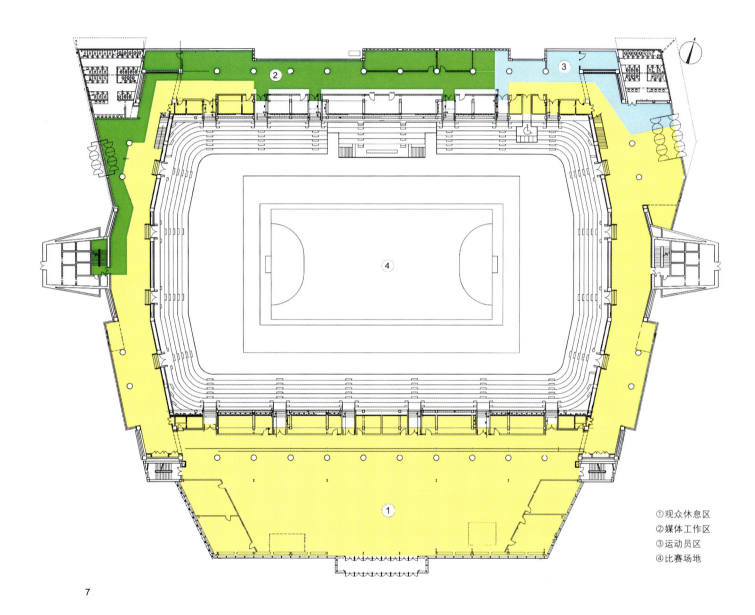

①观众休息区
②媒体工作区
③运动员区
④比赛场地

7

英东游泳馆 | Yingdong Natatorium of National Olympic Sports Center

项目名称：英东游泳馆
建设地点：北京奥林匹克体育中心东北部
竣工时间：2007年9月
设计单位：北京市建筑设计研究院
总建筑面积：44635m²
层数：地上6层（局部塔体11层），地下1层（局部设有水下观察廊）
观众席座位数：赛时5129个，赛后5802个

与国家游泳中心隔路遥望，紧邻北四环的英东游泳馆不仅记录了中国人民不懈追求的体育精神，同时也承载了中国体育的辉煌，如今，它还将见证奥运莅临中华的盛典。2008年8月，第29届奥林匹克运动会的水球预赛及现代五项游泳决赛将在这里举行。

英东游泳馆总建筑面积44635m²，其中改建面积37500m²，保留建筑面积1605m²，扩建面积5530m²，包括标准游泳池、跳水池、热身池、放松池及相关附属用房。在保留原有建筑外观的前提下，游泳馆原来的屋面被改造为高新技术的多层金属屋面，南立面增加了玻璃大厅和幕墙，外立面增加了外保温并重新喷涂，原大平台架空部分改造成了室内空间；屋脊处增设两排用于自然采光和通风的电动开启天窗，有利于排出游泳馆内潮湿的热空气，减少了人工照明的需要；采用悬挂吸声体、改变声源位置等措施，解决了混响时间过长的问题。英东游泳馆在东侧综合训练馆屋顶上还架设了1700m²的固定式太阳能电池阵列板，为比赛场馆提供热源，加热洗浴、厨房及水池用水，体现了"绿色奥运"的理念。

泳池的改造是工程的重点和难点。针对原有泳池老化、漏水严重的问题，在泳池底部一次性铺设了专用池衬系统(特殊的PVC膜材)，既解决了池体漏水问题，又更新了比赛场地的装饰面层，增加了使用者的舒适度。改造后的英东游泳馆地下一层设有中水处理机房，每隔4到8个小时，整个游泳池内的水将完成一遍循环式清洁过滤；它还能收集馆内及运动员公寓洗浴等废水，经处理达到再生水水质标准后，供给各馆冲洗便器、室外浇洒绿地等。

面貌一新的英东游泳馆功能、布局更加合理，采暖、空调、给排水、水处理、声、光、电等各项设施得到全方位的提升，观众、运动员、贵宾、媒体、竞赛管理、安保、场馆运营等功能用房分布适当，完全达到了奥运会这一最高规格体育赛事的使用要求。

1 英东游泳馆全景

①英东游泳馆
②申奥主题广场
③奥体标志雕塑广场
④曲棍球比赛场
⑤综合训练馆
⑥人工湖
⑦奥运主题雕塑广场

2 英东游泳馆总平面图
3 英东游泳馆南立面图
4 英东游泳馆的黄昏
5 英东游泳馆比赛场地全景

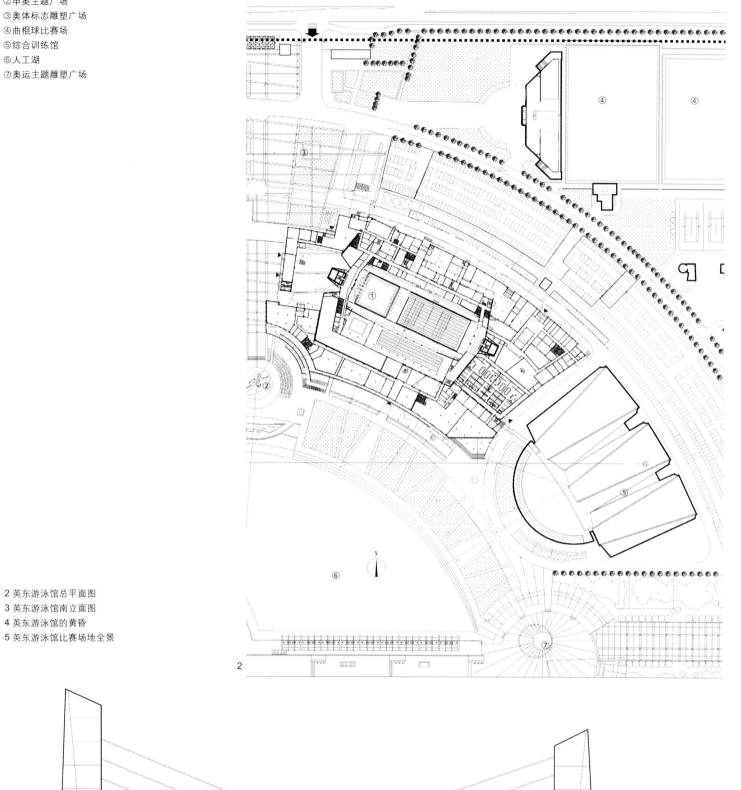

6 英东游泳馆内景

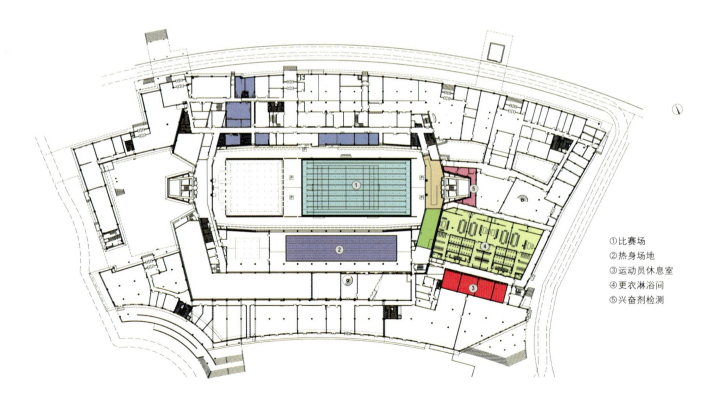

①比赛场
②热身场地
③运动员休息室
④更衣淋浴间
⑤兴奋剂检测

7 英东游泳馆一层平面图

8 英东游泳馆比赛区跳台

北京航空航天大学体育馆 | Beijing University of Aeronautics & Astronautics Gymnasium

项目名称：北京航空航天大学体育馆
建设地点：北京航空航天大学校园东南角
竣工时间：2007 年 12 月
设计单位：中元国际工程公司
占地面积：5.5hm^2
总建筑面积：21000m^2
层数：4 层
观众席座位数：赛时 6000 个，赛后 3400 个
停车位数量：148 个

从北京航空航天大学的东南门西行，在一座座现代建筑掩映之中，人们会不经意地发现这座造型独特的建筑物：银灰色的铝幕外墙，巨大的架空平台，体态轻盈又充满力量，好似飞碟从天而降，让人产生航空、航天、空间、宇宙的遐想。体育馆前耀眼的几个大字提醒人们，这就是 2008 年奥运会举重比赛赛场——北京航空航天大学体育馆。

早在承办奥运会之前，飞碟造型的北京航空航天大学体育馆就因承办了多项国际赛事，而成为北京航空航天大学的标志性建筑。为了适应更高级别的奥运会赛事和残奥会的需要，该体育馆主要对原有体育馆进行了有限改造。改建工程于 2007 年 1 月底正式开工，主要包括增设座椅，调整座椅方位；新搭建举重比赛台和背景墙；新增加热身区，新增加显示屏、空调等大型设备；改造水、暖、强电、弱电、消防、安防、通信等十余个子系统等等。在观众、运动员、裁判、记者、贵宾等出入口及交通流线上，设置了无障碍坡道和设施，增设无障碍电梯、无障碍卫生间和残疾人专用席位，满足了奥运会及残奥会的要求，体现了对残障人士的关怀。经过改造，北京航空航天大学体育馆不仅体现了"绿色奥运、科技奥运、人文奥运"三大奥运理念，还把满足奥运实用功能与赛后利用巧妙地结合了起来。

1 北京航空航天大学体育馆俯瞰

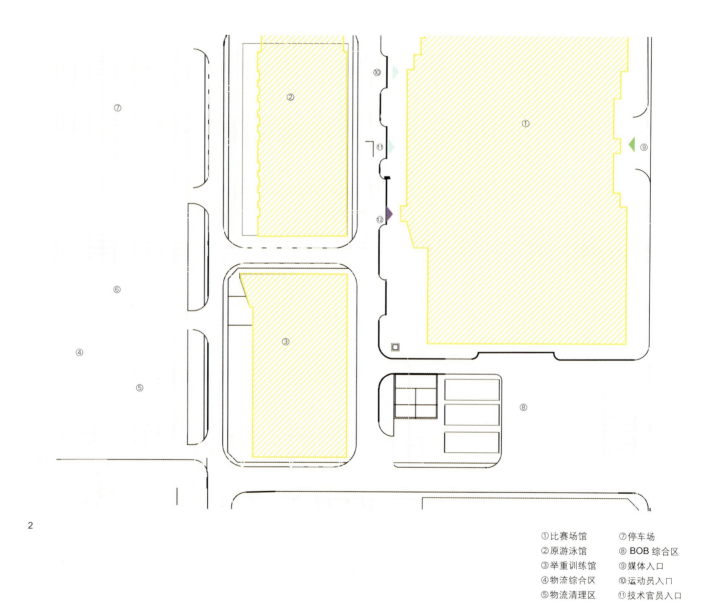

2 北京航空航天大学体育馆功能分布图
3 北京航空航天大学体育馆主入口
4 北京航空航天大学体育馆观众座席区

①比赛场馆　⑦停车场
②原游泳馆　⑧BOB综合区
③举重训练馆　⑨媒体入口
④物流综合区　⑩运动员入口
⑤物流清理区　⑪技术官员入口
⑥餐饮综合区　⑫贵宾入口

3

4

5 北京航空航天大学体育馆一层平面图
6 北京航空航天大学体育馆举重台与电子显示牌
7 北京航空航天大学体育馆比赛场地内景

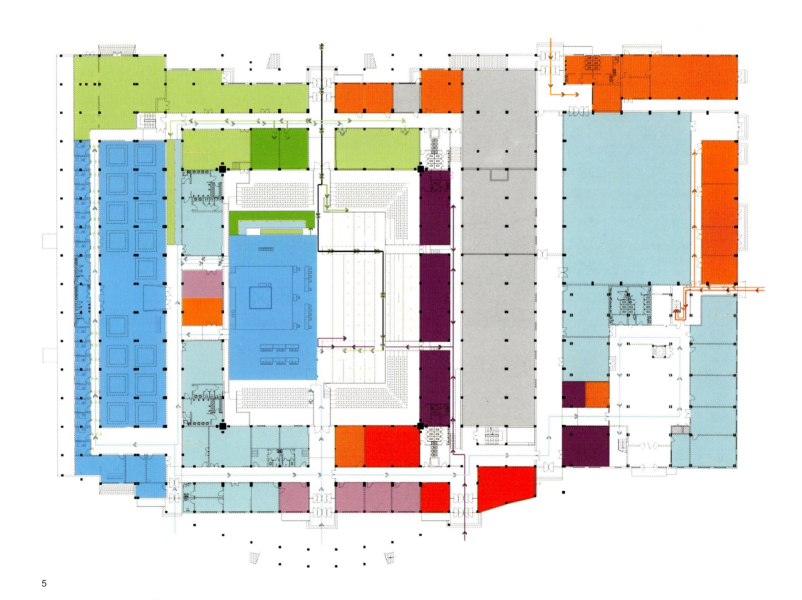

5

6

7

北京理工大学体育馆 | Beijing Institute of Technology Gymnasium

项目名称：北京理工大学体育馆
建设地点：北京理工大学校内
竣工时间：2007年9月
设计单位：五洲工程设计研究院
占地面积：1.29 hm² （安保线内占地面积：5.8 hm²）
总建筑面积：21882m²。其中地上建筑面积为14820m²，地下建筑面积为7062m²
层数：地上1层，地下1层
观众席座位数：赛时5000个，赛后4549个
停车位数量：70个（安保线内）

在北京理工大学教学试验区，一条巨大的"鳐鱼"给观众带来十足的震撼：南北两端翘起的飞檐，波浪式起伏的屋顶，气势恢宏的外表，动感十足的造型。在阳光充足的日子里，拱形双曲屋面在阳光下熠熠生辉，如展翅欲飞，为校园增添了一处迷人的景观。这就是北京理工大学体育馆——第29届北京奥运会排球和第13届残奥会盲人门球的比赛场馆。

北京理工大学体育馆地上为一层大平台，主赛馆设于大平台上，赛馆净高17m。建筑物分两个大区：一区为主场馆，主要为排球比赛大厅、赛前热身馆及运动员、裁判员、赛事组织人员（原体育教研室）和贵宾用房；二区原为学生活动中心，现改造为媒体和场馆运营用房。

北京理工大学体育馆通过节约能源、充分利用自然资源、创造高效的建筑空间等可持续发展理念来体现绿色奥运精神。设计在屋面构造层次上提出创新设计思想：通过三种不同厚度、不同密度的保温材料，按其弹性特征与其他的构造材料穿插放置，达到非常理想的保温效果，极大地提高了节能效益。

体育馆的屋面结构体系采用提篮式屋顶结构体系设计，双道圆弧拱形钢桁架作为提篮的把手，下部悬吊整个屋盖体系。这是一种极稳定的结构体系，可以减少跨度，节约钢材。结构工程师对结构体形进行了艺术整合，显示出清晰的结构逻辑和力学美，为创造美的建筑作品提供了技术保障。

建筑外形由内而外塑造，通过室内空间与

1 北京理工大学体育馆鸟瞰

外部体形的对应关系产生适宜的奥运建筑形象，整个造型充满动感和力量，虚实有序，舒展奔放，建筑艺术个性和科技特征鲜明。两个弧形巨拱悬挂着波浪形的双曲屋面，其飞翔之势，展现了健与美的奥运体育建筑内涵。

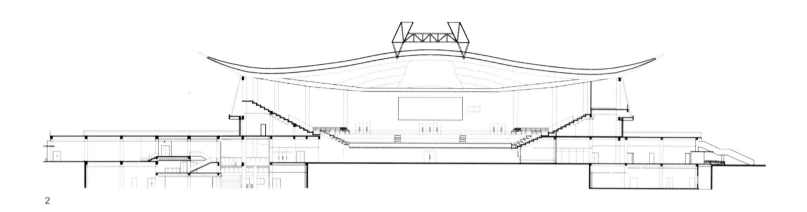

2

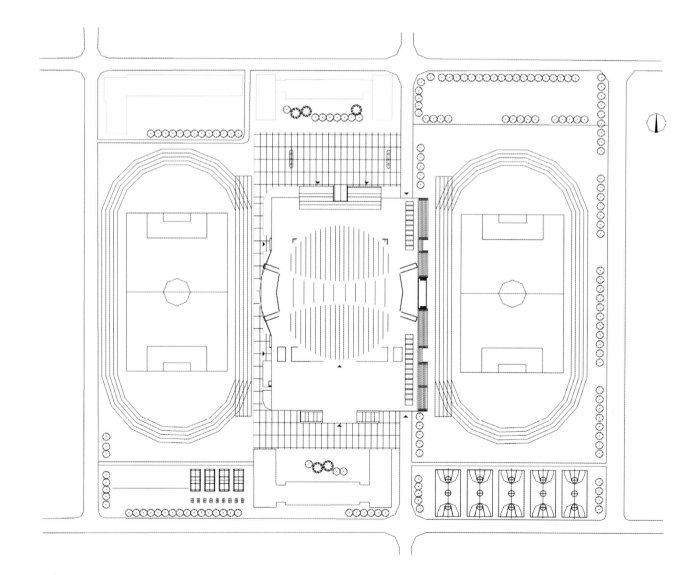

3

2 北京理工大学体育馆剖面图
3 北京理工大学体育馆总平面图
4 北京理工大学体育馆东侧平台与体育馆东侧的体育场看台连为一体
5 北京理工大学体育馆主入口

4

5

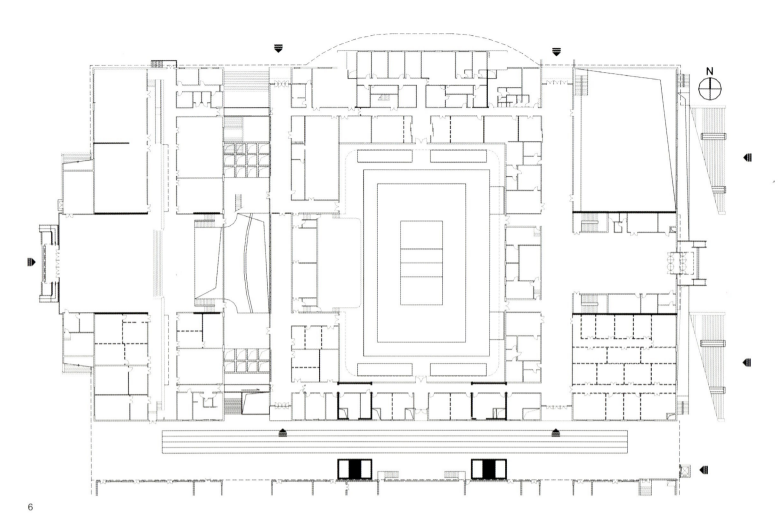

6

7

6 北京理工大学体育馆一层平面图
7 北京理工大学体育馆南侧平台
8 从东南方向俯瞰,北京理工大学体育馆在阳光下像一条银色的鳐鱼,熠熠闪光
9 北京理工大学体育馆观众层平面图

8

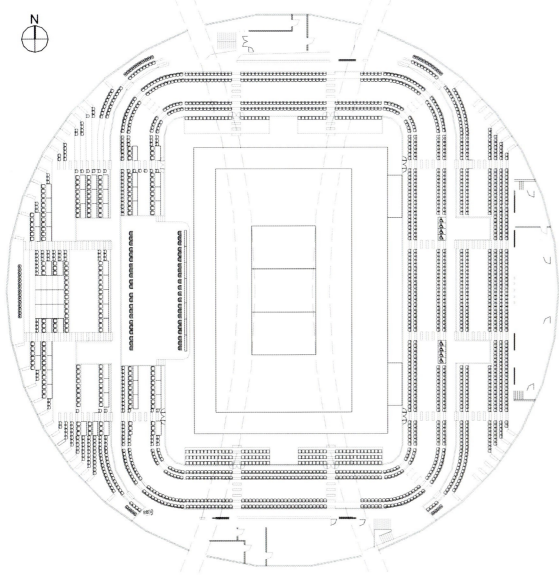

9

10 北京理工大学体育馆比赛场地全景
11 注册人员区域为参加残奥会盲人门球比赛的运动员铺设的盲道
12 北京理工大学体育馆无障碍座席区
13 北京理工大学体育馆无障碍卫生间内，栏杆上均贴有荧光纸，以使部分弱视的队员或观众可以方便地使用

11

13

12

首都体育馆 | Capital Indoor Stadium

项目名称：首都体育馆
建设地点：北京海淀区中关村南大街
竣工时间：2007年12月
设计单位：北京市建筑设计研究院
占地面积：7.3hm^2
总建筑面积：54707m^2
观众席座位数：18000个
停车位数量：188个（北侧速滑馆内可停车155辆）

首都体育馆有着四十多年的历史，是北京市重要的体育文化活动场所。凭借北京奥运会的东风，这座老而弥固的建筑再次焕发了青春。

首都体育馆始建于1966年6月，为当时国内最大、最先进的体育场馆。占地7.3hm^2，改造总建筑面积约5.3万m^2，南北宽107m，东西长122m，高28m，屋顶跨度99m，可容纳17360席。设有6个观众休息厅，18个观众出入口，观众可在5分钟内疏散完毕。该馆为综合性体育馆，是国内少数几个能举办球类、体操、冰上比赛和大型文体活动的场馆。

在改造过程中，在经设计人员和有关专家反复的踏勘和研究后，确定了最终的改造方案。设计人员本着尽可能地保持原有风貌的原则，同时按照现代奥运会要求，结合现有的布局进行房间调整和进行必要的装饰装修；满足一定的抗震要求，进行必要的结构加固，更新老化的暖气管道、给排水设施、设备及管线，增加雨水利用设施；同时将供电系统进行了更新设计。

经过改造，这座经历了数十年风雨的体育馆，如同更换上了一颗年轻的心脏，焕发出青春活力，以崭新的面貌迎来承担2008年北京奥运会排球比赛的光荣历史使命。

1 首都体育馆南侧主入口

①比赛馆　　③售票处及注册中心
②综合训练馆　④物品寄存处

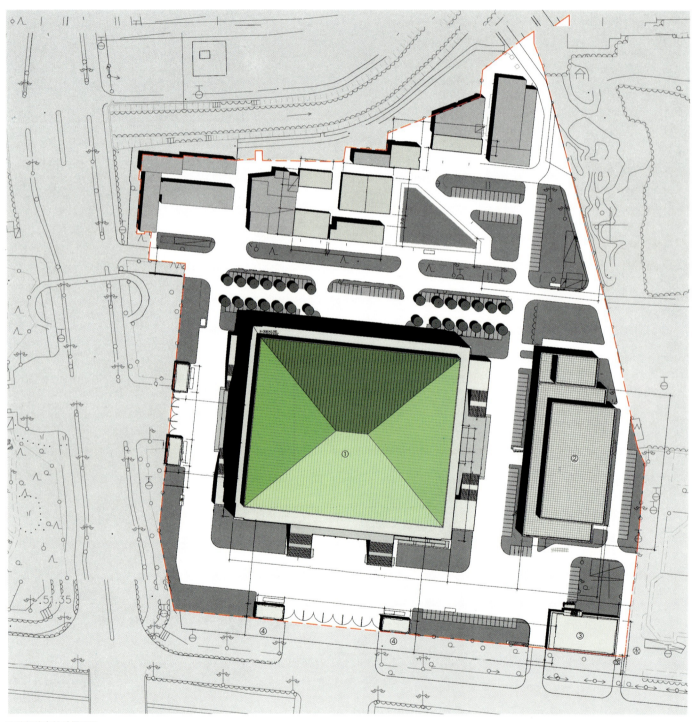

2 首都体育馆总平面图

3 首都体育馆西侧立面,新改造加装的电梯可以使乘坐轮椅的观众直接通达三层的无障碍座席包厢

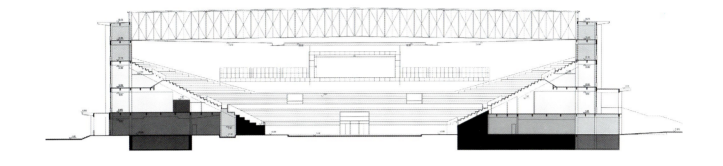

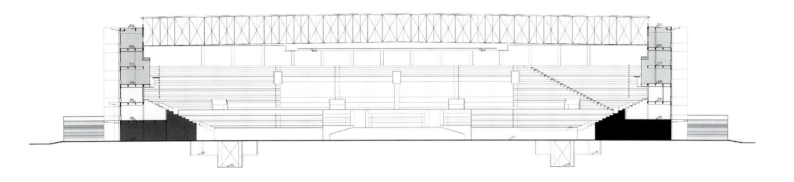

6

4 首都体育馆比赛场地
5 改造一新的首都体育馆二层观众集散大厅
6 首都体育馆剖面图
7 首都体育馆二层观众集散大厅内的浮雕装饰

7

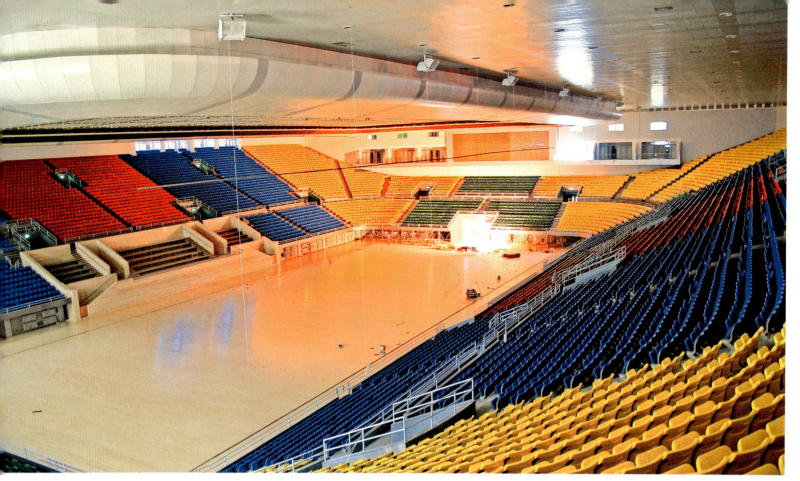

8

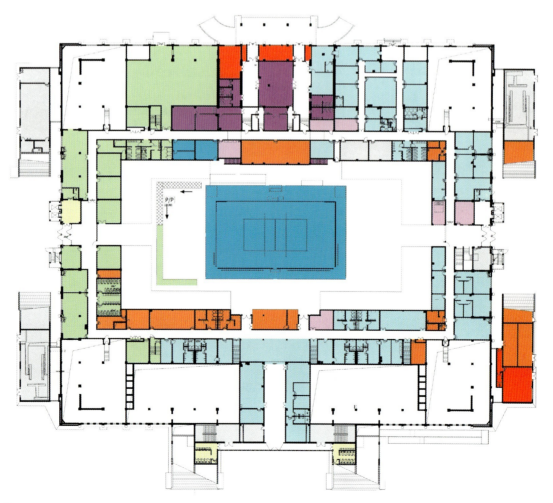

9

10

8 首都体育馆的比赛场地地板下，藏着一个滑冰场。赛后作为国家冬季运动管理中心的训练馆，首都体育馆的制冷设备可以迅速把场地变成冰场，满足冰上运动训练需要
9 首都体育馆一层平面图
10 首都体育馆西侧看台，看台三层大屏幕两侧专门为残障人士改造设置了无障碍座席包厢
11 首都体育馆观众层平面图

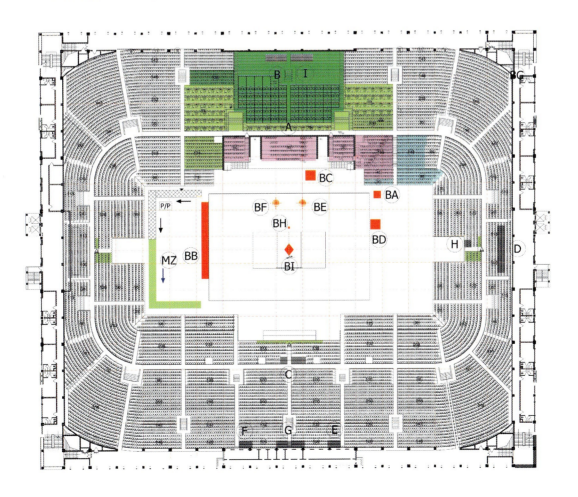

11

老山山地自行车场 | Laoshan Mountain Bike Course

项目名称：老山山地自行车场
建设地点：北京石景山区老山
竣工时间：2007年9月
设计单位：中国航天建筑设计研究院（集团）
占地面积：约55.7hm²（含赛道区）
总建筑面积：永久设施建筑面积约8700m²。其中竞赛综合楼建筑面积为4200m²，竞赛服务楼建筑面积为4500m²
层数：竞赛综合楼4层，竞赛服务楼3层
观众席座位数：站席区可容纳5000人，临时看台约550个

老山山地自行车场是第29届奥林匹克运动会的山地自行车比赛场地，位于北京石景山区老山。它包括全长约6km的山地赛道、两座位于起、终点区的永久建筑物——竞赛综合楼与竞赛服务楼、临时看台、站席区以及其他临时设施。

作为一项源于户外运动的比赛项目，亲近自然是山地自行车运动的主旨。因此，老山山地自行车场不仅在赛道路线的选择方面力求尽可能减少对原地形、地表的人为扰动，维持天然状态，还在两座永久建筑物的设计中，充分关注自然采光、通风，低调实用的建筑风格、朴素温暖的建筑材料与色彩表现出融入周围环境的姿态。面积有限的几处玻璃幕墙则暗示着内部公共空间的存在，同时也将周边的自然景色引入室内。在功能布局方面，"以赛后利用为重心，同时满足奥运会比赛要求"是设计的基本出发点，在设计之初就充分考虑了赛后改造的余地。完成改造之后的老山山地自行车场已经成为一个开放形态的景观公园，正在静候奥运赛事的来临。

1 以老山驾校车道为基础改造的老山山地自行车场赛道

2 老山山地自行车场中心区总平面图

3 老山山地自行车场竞赛综合楼立面图
4 老山山地自行车场竞赛综合楼
5 老山山地自行车场竞赛综合楼一层平面图
6 老山山地自行车场竞赛综合楼二层平面图

竞赛综合楼①-⑧轴立面图

竞赛综合楼Ⓗ-Ⓐ轴立面图

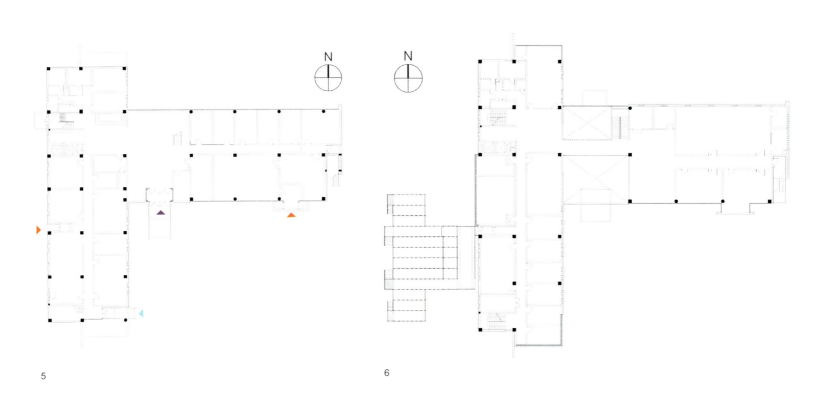

5

6

7

7 老山山地自行车场竞赛服务楼
8 老山山地自行车场竞赛服务楼门厅
9 老山山地自行车场竞赛服务楼一层平面图
10 老山山地自行车场竞赛服务楼二层平面图
11 老山山地自行车场竞赛服务楼门厅内景
12 老山山地自行车场蜿蜒山间的赛道

8

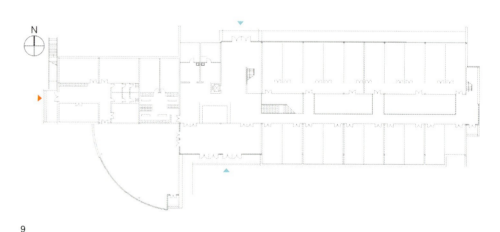

9

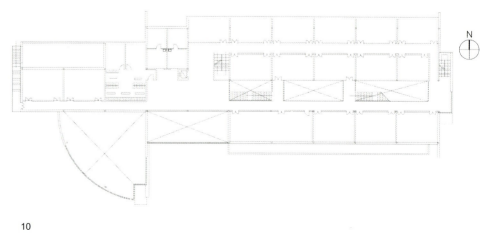

10

11

12

217

北京射击场飞碟靶场 | Beijing Shooting Range Clay Target Field

项目名称：北京射击场飞碟靶场
建设地点：北京石景山区福田寺
竣工时间：2007 年 7 月
设计单位：清华大学建筑设计研究院
占地面积：8.845hm²
总建筑面积：6169m²
层数：地上 1～2 层，地下靶壕区 1 层
观众席座位数：4999 个
停车位数量：125 个

　　北京射击场飞碟靶场为第 29 届奥林匹克运动会飞碟项目射击比赛场馆，位于国家体育总局射击射箭运动中心园区北侧，背靠群山，绿树环绕，自然环境十分优美。

　　射击场建筑设计注意挖掘传统建筑精华，融合自然环境特色，结合现代材料工艺，创造人文自然并举、运动与环境共生的特色建筑。建筑从所处的山脚自然环境出发，射击靶位自然排开，利用现有山脉形成靶场的绿色背景屏障。建筑形象平和低调，体现与环境的融合，结合地域文化，着力体现中国传统文化特色。平面借鉴传统民居院落化的建筑格局，通过几个院落组织首层的建筑空间，营造地方建筑特色。建筑外墙采用了返璞归真、有传统建筑特色的青砖砌筑，并辅以局部木板饰面墙面，朴素自然，细腻的工艺表达了建筑秀外慧中的品格。竞赛区的高低靶房、挡弹墙的处理借鉴了具有世界认知度的长城烽火台造型，通过灰砖砌筑的表面，给这个功能性很强的构筑物赋予地域人文色彩。通过院落化的建筑布局，实现了所有实用房间的自然通风、采光，不设置集中空调系统。采用适宜、适用、经济、环保的建造工艺及建筑材料，降低了建筑的环境负荷，提高了使用效率。

1 北京射击场飞碟靶场鸟瞰

2

2 北京射击场飞碟靶场竞赛区全景
3 北京射击场飞碟靶场入口广场
4 北京射击场飞碟靶场外墙局部
5 北京射击场飞碟靶场南侧立面

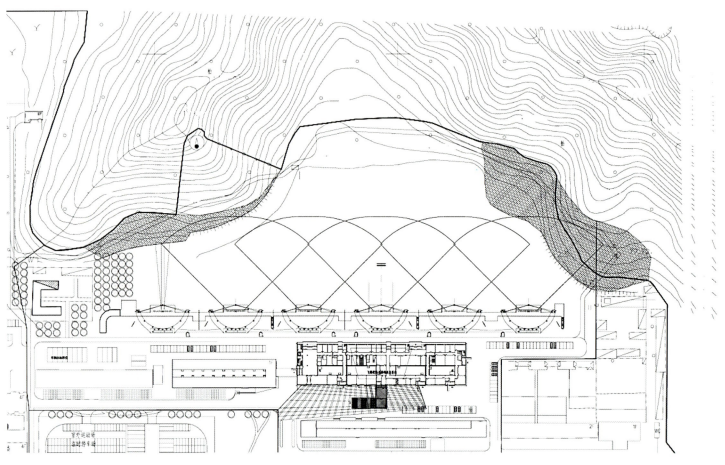

6 北京射击场飞碟靶场的外墙设计借鉴了中国传统建筑设计的元素
7 北京射击场飞碟靶场总平面图
8 北京射击场飞碟靶场观众看台
9 北京射击场飞碟靶场外观局部

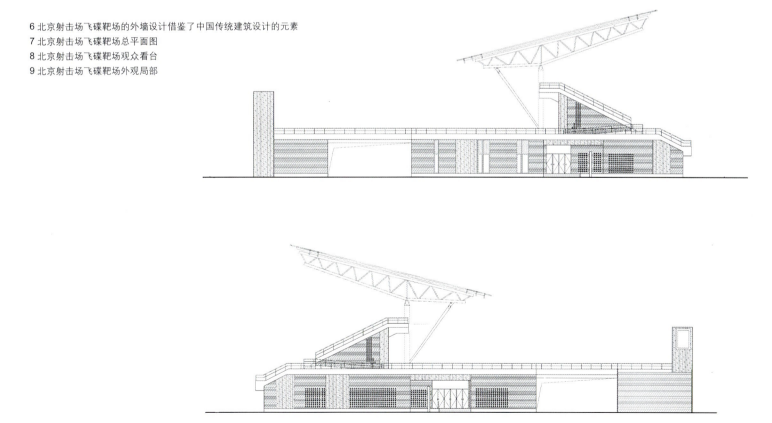

10 北京射击场飞碟靶场A段正、侧立面图

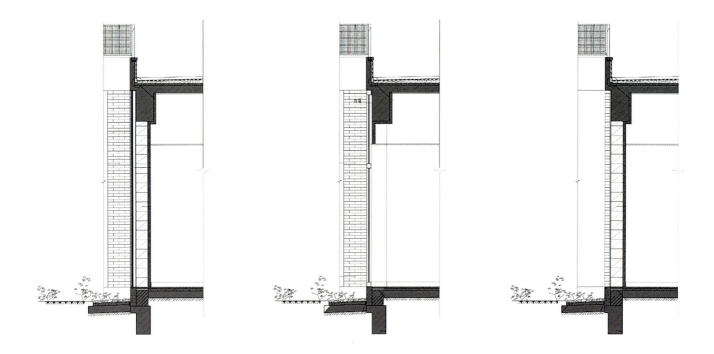

11

11 北京射击场飞碟靶场墙面设计详图
12 北京射击场飞碟靶场景观内院
13 北京射击场飞碟靶场外墙细部
14 北京射击场飞碟靶场比赛区域，射出飞碟的建筑物采用了烽火台的形式
15 北京射击场飞碟靶场竞赛区局部

12

丰台体育中心垒球场 Fengtai Sports Center Softball Field

项目名称：丰台体育中心垒球场
建设地点：北京丰台体育中心
竣工时间：2006年7月
设计单位：中元国际工程公司
占地面积：9.6hm² （安保红线面积）
总建筑面积：15570m²
层数：主场4层，功能用房5层，备用场1层
观众座席数：赛时9720人，赛后4720人
停车位数量：237个

　　丰台体育中心垒球场位于北京丰台体育中心内西半部，主要包括主赛场 (容纳观众1万人)、备用场 (容纳观众3240人)、1号和2号热身场地、功能用房、临时看台及配套设施等。

　　丰台体育中心位于北京西四环南路，主体建筑包括体育场、体育馆、游泳馆、网球场、垒球场、篮球场等，其中垒球场是第29届奥林匹克运动会垒球比赛场地。丰台体育中心垒球场的改扩建遵循"绿色奥运、科技奥运、人文奥运"的宗旨，积极引入国内外先进设计理念，运用创新性的技术和材料。其中功能用房所安装的125m²太阳能热水系统，每天可为球场提供9t热水，用于备用场及功能用房洗浴，雨水回收及中水利用技术成为了丰台垒球场实践"三大理念"的亮点工程。垒球场还强调了赛时与赛后的相互结合，注重赛时的实用性及赛后的最大限度利用性，可拆除的临时场地与临时座席为赛后提供了极大的便利。

　　改扩建之后的丰台体育中心垒球场个性鲜明，艺术风格突出，景观布置和建筑形式符合潮流，成为了北京地区乃至国内较有特色的、具有国际先进水平的垒球场。

1 丰台体育中心垒球场鸟瞰

2

3

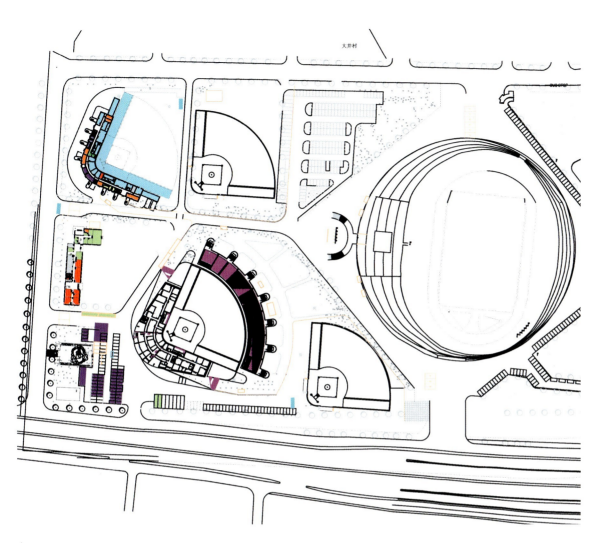

2 丰台体育中心垒球场主赛场西南立面
3 丰台体育中心垒球场主赛场场地与看台
4 丰台体育中心垒球场总平面图
5 丰台体育中心垒球场主赛场幕墙内部结构

6

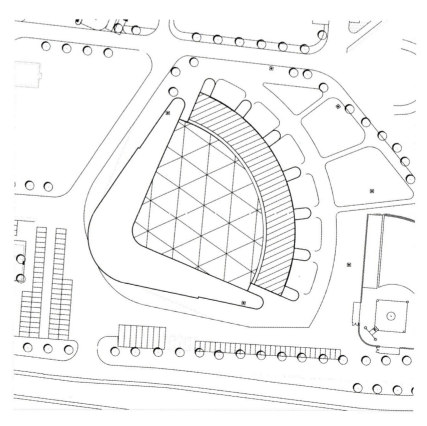

6 丰台体育中心垒球场主赛场全景
7 丰台体育中心垒球场主赛场一层平面图
8 丰台体育中心垒球场主赛场幕墙

7

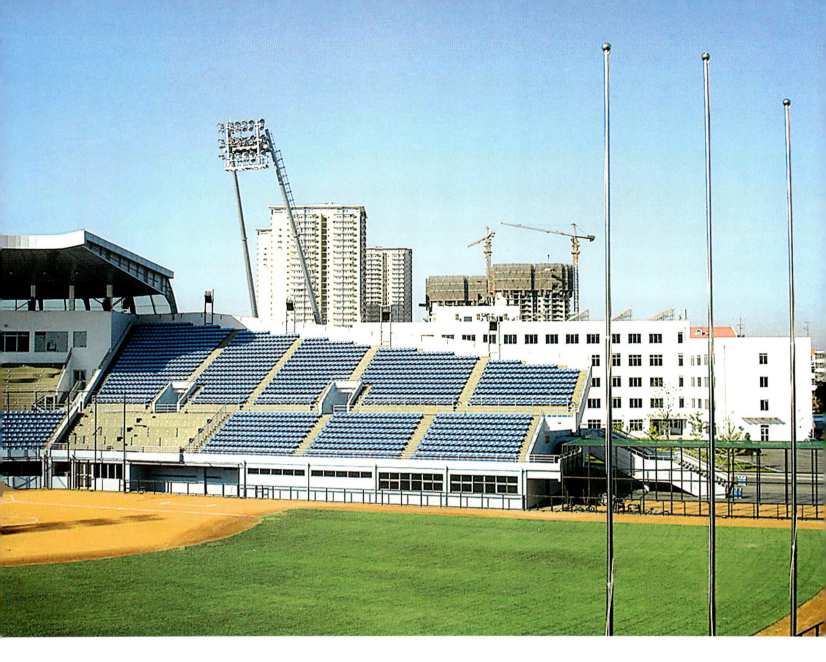

8

9 丰台体育中心垒球场备用场夜景
10 丰台体育中心垒球场主赛场座席区
11 丰台体育中心垒球场主赛场二层平面图与赛场剖面图
12 丰台体育中心垒球场比赛场地全景

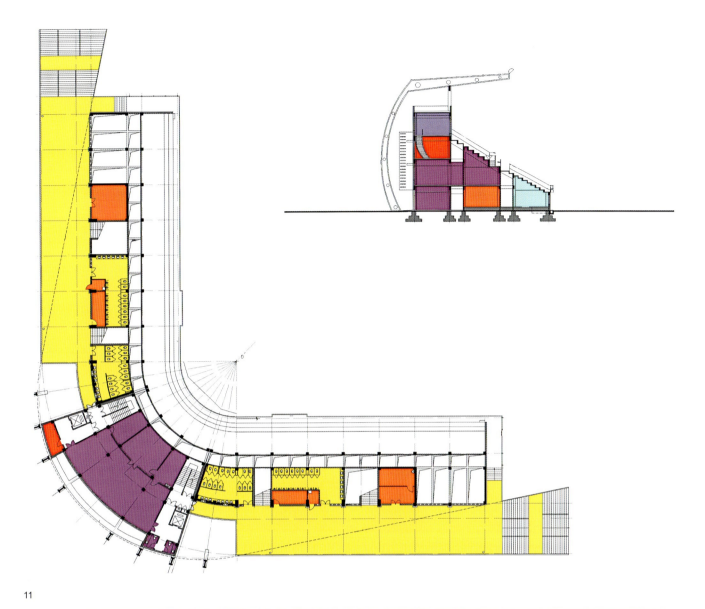

11

12

北京工人体育场 | Beijing Workers' Stadium

项目名称：北京工人体育场
建设地点：北京朝阳门外工体北路
竣工时间：2007年12月
设计单位：北京市建筑设计研究院
占地面积：35.40hm^2
总建筑面积：80000m^2
层数：地上4层，地下1层
观众席座位数：60000个
停车位数量：125个

作为北京朝阳门外的地标建筑，北京工人体育场曾经是庆祝中华人民共和国成立十周年时建成的北京十大著名建筑之一，并在之后的历史中经历风风雨雨，见证了新中国体育事业的发展，曾经承办过许多国际、国内的大型体育比赛，也先后经历了多次大规模的改造。而在成为第29届奥林匹克运动会足球比赛场地之后，北京工人体育场更是经历了一次全方位的改扩建，呈现出了新世纪建筑的面貌。

根据北京市政府和奥组委制定的计划安排，以及国际奥林匹克委员会（IOC）、国际足球联合会（FIFA）、北京奥组委（BOCOG）的技术要求，结合体育场的现状，北京工人体育场进行了为期1年的改扩建，大量采用现代成熟技术，采用绿色环保材料、节能设备，大大提高了使用安全度、舒适度、便捷度。改造后的工人体育场，在延续原来的空间格局、场地环境、历史文脉，保留人文历史记忆的同时，外观形象发生了很大变化，凤凰涅槃，脱胎换骨，以崭新的形象迎接奥运会，场内设施完全满足奥运会足球比赛技术标准要求。

1 北京工人体育场全景效果图

2 北京工人体育场西立面图

3

3 北京工人体育场外立面
4 北京工人体育场南边湖面和建筑
5 北京工人体育场场内全景

4

5

6 北京工人体育场主席台座席区遮阳篷
7 北京工人体育场外立面局部图
8 北京工人体育场观众座席区与观众活动通道
9 北京工人体育场嘉宾席与普通观众座席

6

7

8

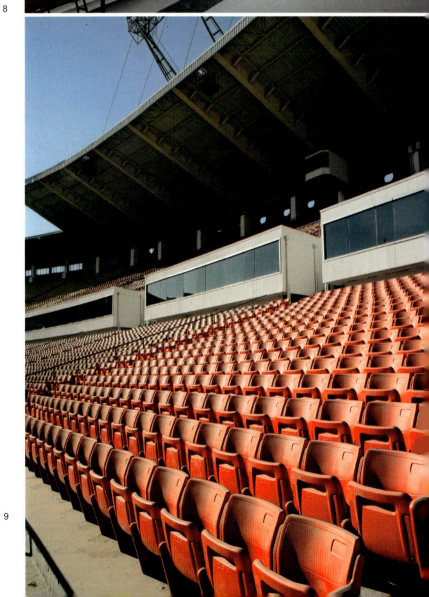

9

北京工人体育馆 | Beijing Workers' Gymnasium

项目名称：北京工人体育馆
建设地点：北京朝阳门外工体北路
竣工时间：2007年11月
设计单位：北京市建筑设计研究院
结构类型：钢筋混凝土框架结构
占地面积：5.95hm^2
总建筑面积：41828m^2。其中地上建筑面积29308m^2，
地下建筑面积为10892m^2
层数：地上4层，地下1层
观众席座位数：赛时12000个，临时座席1000个
停车位数量：147个

北京工人体育馆为第29届奥林匹克运动会拳击比赛馆及第13届残奥会盲人柔道比赛馆，位于北京市朝阳门外工体北路。

北京工人体育馆建成于1961年，建筑平面为圆形，钢筋混凝土框架结构，地下1层，看台部分地上4层。改造工程总建筑面积41828m^2，在改造原有北京工人体育馆建筑主体的同时新建能源中心。改造后设奥运拳击主赛场1个，热身场2个。

对北京工人体育馆的具体改造包括：

总平面布局改造。根据奥运会赛时要求把馆外场地分为前院、后院，增设各种室外临时设施，增建能源中心，增设西门。

建筑主体改造。包括奥运用房改造、屋顶翻修、观众席座椅更换、记者评论员席改造、结构加固改造、给排水系统改造、通风空调系统改造、强弱电系统改造、消防系统改造等。

由于北京工人体育馆同时承担了残奥会盲人柔道比赛项目，因此场馆也增加了无障碍设施的建设。体育馆建筑东、南、西、北四门增设永久性无障碍坡道，馆内设临时坡道，观众、贵宾、运动员区域增设无障碍卫生间。

1 北京工人体育馆全景

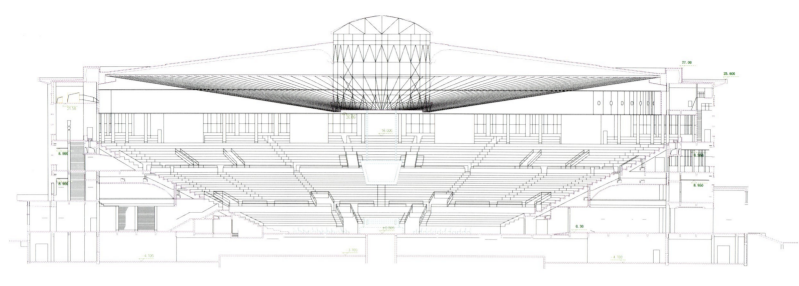

2

3

4

2 北京工人体育馆剖面图
3 北京工人体育馆改造后正立面
4 北京工人体育馆外窗细部
5 北京工人体育馆立面图

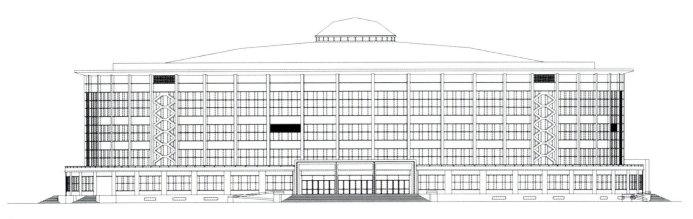

5

7

8

6 北京工人体育馆赛时场景
7 北京工人体育馆改造后的观众步行楼梯
8 北京工人体育馆观众集散大厅

9

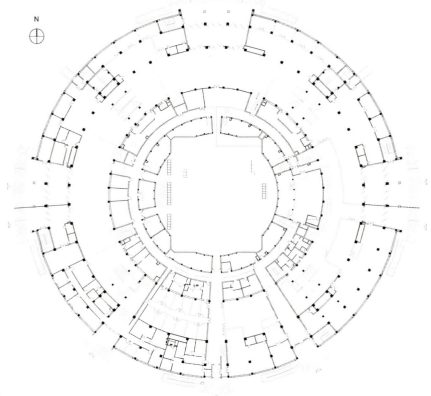

9 北京工人体育馆比赛场地全景
10 北京工人体育馆一层平面图
11 北京工人体育馆顶棚与吊灯

10

上海体育场 | Shanghai Stadium

项目名称：上海体育场
建设地点：上海天钥桥路
竣工时间：2007年7月
设计单位：上海市建筑设计研究院
总建筑面积：17万 m²
观众席座位数：56000个

上海体育场是第29届北京奥林匹克运动会足球比赛的分赛场之一。届时，这里将举行9场足球赛。

上海体育场位于上海市区西南部，过去一直是市民经常聚集的健身之地，曾获得"上海市最佳体育建筑"和"新中国50周年上海十大经典建筑金奖之一"的荣誉称号。如今，经过全方位翻修后的上海体育场已经完全达到了奥运会足球赛场的要求，成为了目前我国规模最大、设施最为先进的大型室外体育场和上海的标志性建筑之一。

上海体育场拥有具有500个座位的主席台、300个座位的记者席和二至四层看台间的100套豪华包厢，可容纳5.6万名观众观看体育比赛以及4.3万名观众观看大型文艺演出。体育场建筑造型新颖，平面呈圆形，立面采用具有国际先进水平的马鞍形大悬挑钢管空间屋盖结构，覆以赛福龙涂面玻璃纤维成型膜。屋盖最长悬挑梁达73.5m。场内设有符合国际标准的、四季常绿的足球场和塑胶田径比赛场地，并配置了多功能草坪保护板。观众座椅采用抗震防火材料，上建遮雨避阳的钢架结构。

此外，体育场还建有宾馆、体育俱乐部及展示厅等辅助设施。

1 上海体育场绚烂的夜景

2

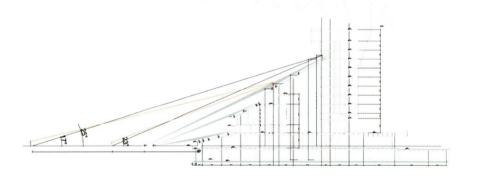

2 上海体育场俯瞰
3 上海体育场剖面图
4 上海体育场总平面图
5 上海体育场看台座席

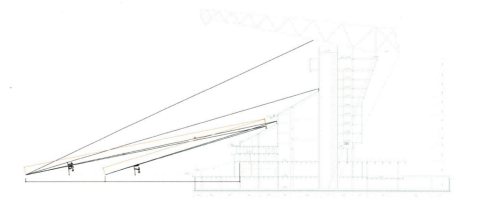

3

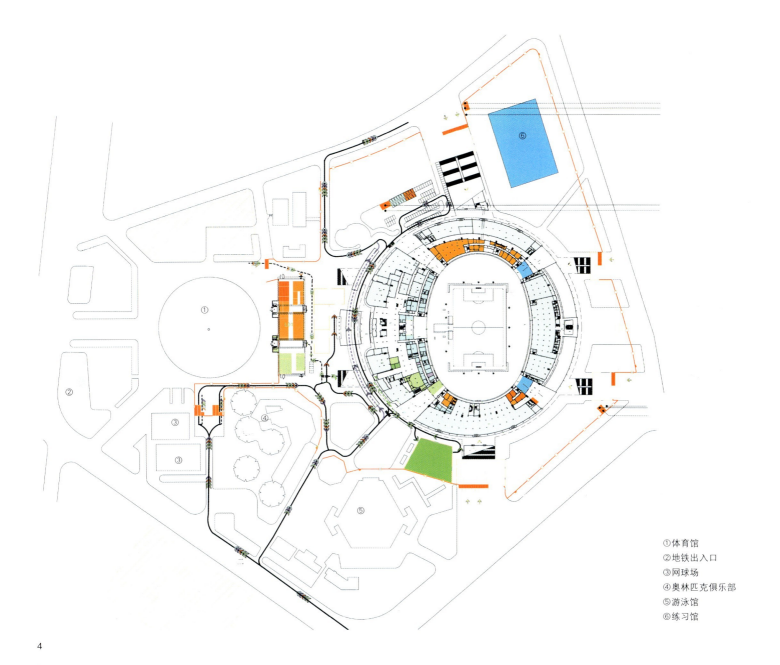

①体育馆
②地铁出入口
③网球场
④奥林匹克俱乐部
⑤游泳馆
⑥练习馆

4

5

6

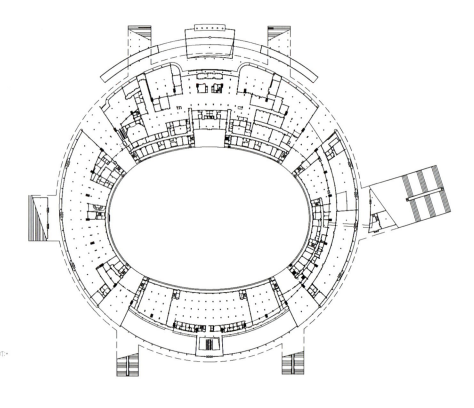

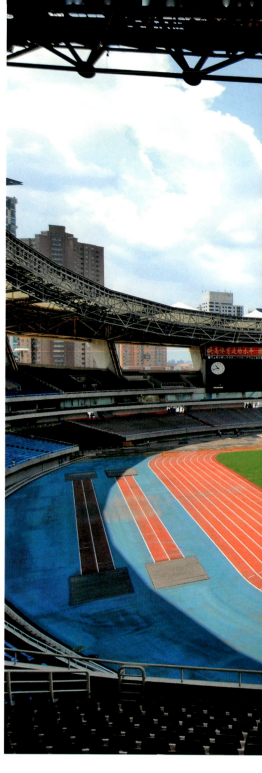

7

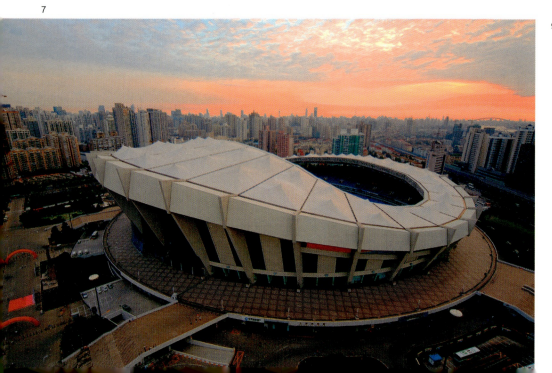

8

9

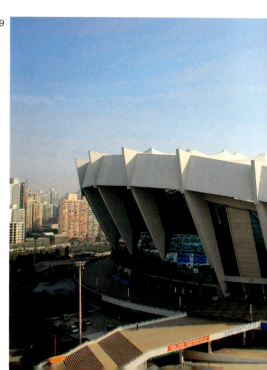

6 上海体育场一层平面图
7 晨光初起，上海体育馆如新生婴儿伸展腰身
8 上海体育场内部全景
9 上海体育馆独特的造型

沈阳奥林匹克体育中心 | Shenyang Olympic Stadium

项目名称：沈阳奥林匹克体育中心
建设地点：沈阳市浑南新区国际会展中心北边
竣工时间：2007 年 6 月
设计单位：同济大学建筑设计研究院
占地面积：21hm²
总建筑面积：14 万 m²
观众席座位数：60000 个

沈阳奥林匹克体育中心是第 29 届北京奥运会足球比赛的主要分赛场之一。

以"一场三馆"式布局的沈阳奥林匹克体育中心包括中心体育场和综合体育馆、游泳馆、网球馆，其中中心体育场建筑面积占奥体中心总面积的一半还多。中心体育场外形宛如胜利女神手中的水晶皇冠，而东西方向的三个室内场馆犹如胜利女神的一双翅膀，因此被誉为"水晶皇冠"。

中心体育场由两个结构主体组成，看台部分采用钢筋混凝土结构，屋盖采用拱形钢结构，两侧拱形部分由玻璃构成。主体育场采用两层看台结构，可容纳观众 6 万人，打破了大多数场馆的三层看台模式。南北看台设有两块大面积的全彩色 LED 显示屏，可在比赛过程中让观众随时看到回放的精彩镜头和进球。在一、二层看台之间专门设置的 100 个贵宾包厢，可满足国内外贵宾的观赛要求。专门的残疾人座席与通道，62 个看台出入口，24 个疏散楼梯，标准天然草坪足球场及国际田联认定的优质塑胶跑道，气势恢弘、造型典雅的沈阳奥林匹克体育中心完全符合奥运会高水平的足球比赛的要求。

1 沈阳奥林匹克体育中心全景

2

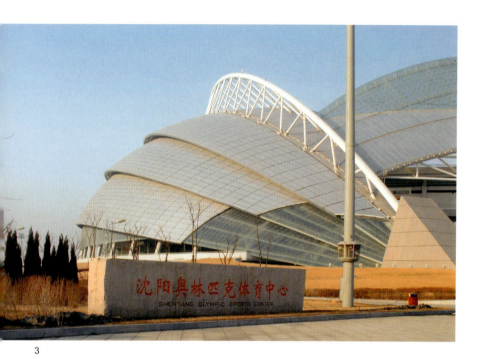

3

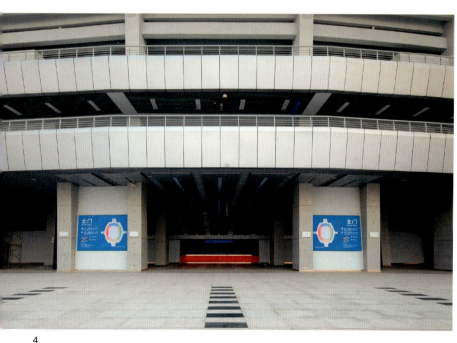

4

5

2 沈阳奥林匹克体育中心局部
3 沈阳奥林匹克体育中心局部
4 沈阳奥林匹克体育中心北入口
5 沈阳奥林匹克体育中心外观

6 沈阳奥林匹克体育中心内部全景
7 沈阳奥林匹克体育中心钢结构
8 沈阳奥林匹克体育中心西部楼梯
9 沈阳奥林匹克体育中心外观

7

8

9

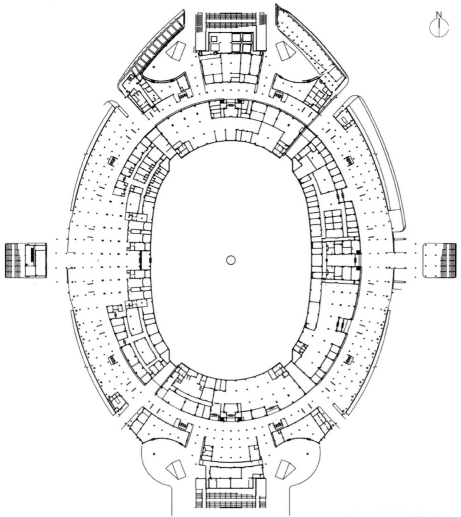

10

12

11

13

10 沈阳奥林匹克体育中心一层平面图
11 沈阳奥林匹克体育中心内部局部
12 沈阳奥林匹克体育中心座席区之一
13 沈阳奥林匹克体育中心座席区之二

香港奥运马术比赛场（双鱼河和沙田） Hong Kong Olympic Equestrian Venue

项目名称：香港奥运马术比赛场（双鱼河和沙田）
建设地点：香港新界沙田源禾路 25 号香港体育学院，双鱼河乡村会所和新界上水双鱼河乡村会所及香港高尔夫球会所（新界粉岭粉锦公路 1 号）
竣工时间：2008 年 5 月（预计）
设计单位：Timothy Court 设计公司（澳大利亚）
　　　　　Ove ARUP 合伙人事务所（中国香港）
　　　　　Ronald Lu 合伙人事务所（中国香港）
结构类型：混凝土墙体 + 钢托架 + 钢屋顶
占地面积：39hm²
总建筑面积：主赛场建筑面积 278000m²，空调大楼、马厩等建筑面积 99000m²
层数：马厩 1 层，空调大楼 2 层
观众席座位数：18000 个

2008 年北京奥运会马术三项（包括盛装舞步赛、场地障碍赛及需应付自然障碍的越野障碍赛）比赛场设在香港。香港奥运马术比赛场包括沙田奥运马术比赛场和双鱼河马术比赛场。其中在沙田奥运马术比赛场将举行场地障碍赛和盛装舞步赛，在双鱼河马术比赛场将举办越野障碍赛。

沙田奥运马术比赛场由香港体育学院及沙田马场扩建而成，是一个 100m×80m 全天候沙地主赛场，可容纳 18000 名观众。赛场上铺设的沙土，是专门针对马术比赛以及马蹄的结构和受力特点，由 3 种材料混合特制而成。场地内附设 13 个场地障碍及盛装舞步练习场地，其中包括奥运会马术历史上的第一个室内空调练习场，这个室内练习场拥有一个长 70m、宽 35m 的场地，可以让参赛的马匹在炎热的天气下仍舒适地进行训练。其他建筑包括：主场地旁的空调大楼，将用作比赛管理总部、贵宾接待范围及马匹服务人员宿舍；新建的主马房，共分 4 座，提供 200 个空调马格；另有独立马厩供后备马匹居住，马厩区内新建的兽医诊所配备了先进的诊疗器材，随时监察马匹健康状况。

双鱼河马术比赛场由香港赛马会双鱼河乡村会所及毗邻的香港高尔夫球会所改建，新建了一条长 5.7km、宽 10m 的临时越野赛赛道，并附设热身场地、赛后小休区及 80 个临时马格。

较之于国内其他城市，在香港举行马术比赛有着得天独厚的优势：悠久的马术比赛历史，马匹检疫、治疗、兴奋剂检测等方面的先进设备，马术比赛组织的丰富经验，再加上按照最新标准改造而成的奥运马术比赛场，香港奥运马术比赛的精彩程度确实值得人们期待！

（香港奥运马术比赛场照片由香港骑师俱乐部提供，设计图由中国香港 Ronald Lu 及合伙人事务所提供，工程部由 Ove Arup & Partuers HK Ltd 负责，特此鸣谢）

1　2008 年北京奥运会马术比赛场地障碍项目和盛装舞步项目主比赛场——香港沙田马术比赛场

2 2008年北京奥运会马术比赛越野障碍项目主赛场——香港双鱼河马术比赛场
3 香港奥运马术比赛场赛马实验室
4 香港沙田马术比赛场场地上铺着轻软的特制沙土

2 3

5 香港奥运马术比赛场马厩内部
6 香港奥运马术比赛场马厩内局部
7 香港奥运马术比赛场附设的马医院
8 香港奥运马术比赛场马厩单元平面图
9 香港奥运马术比赛场马厩外景

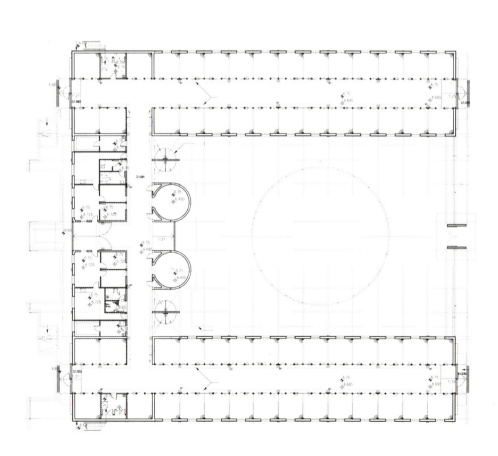

7

10 香港奥运马术比赛场马厩单元立面图
11 香港奥运马术比赛场夜间鸟瞰图
12 香港奥运马术比赛场马厩剖面图

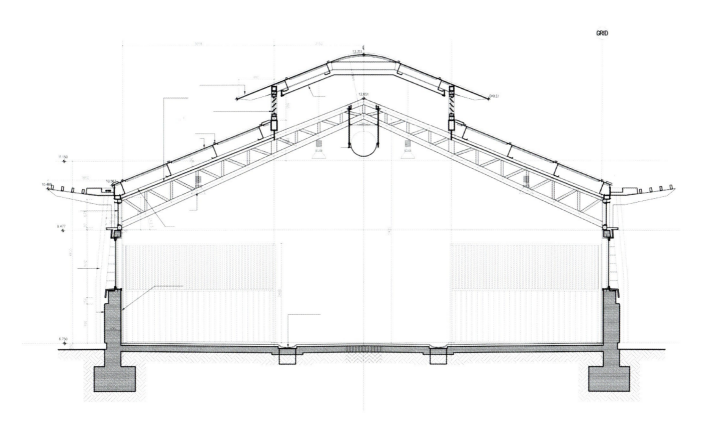

第三篇 | 临建奥运场馆与相关奥运建筑

北京奥林匹克公园射箭场

北京奥林匹克公园曲棍球场

北京五棵松体育中心棒球场

国家会议中心击剑馆

老山小轮车赛场

朝阳公园沙滩排球场

国家会议中心

数字北京大厦

北京奥林匹克公园射箭场 | Beijing Olympic Green Archery Field

项目名称：北京奥林匹克公园射箭场
建设地点：北京奥林匹克森林公园
竣工时间：2007年8月
设计单位：中建国际（深圳）设计顾问有限公司
层数：2层
占地面积：9.22hm^2
总建筑面积：8609m^2
观众席座位数：赛时5384个
停车位数量：121个

北京奥林匹克公园射箭场位于奥林匹克公园北区，为第29届奥林匹克运动会射箭比赛临时场馆，包括3块场地和14栋附属建筑物，总建筑面积8609m^2，其中看台部分1815m^2。

射箭场三块场地从东到西分别是23个靶位的热身、排位赛场地，淘汰赛、决赛场地以及淘汰赛场地。北京奥林匹克公园射箭场的最主要建筑是淘汰赛、决赛场地。该场地呈"V"字形，北部（前部）宽，南部（后部）窄，东侧、西侧和南侧合理分布着4510个标准黄色座席。高高的看台，黄色的座椅，绿色的草地，观众在这里不仅可以体验到林间狩猎运动与休闲的云淡风轻，更可以感受来自自然的勃发向上精神。最东边的热身、排位赛场地上只有南部建了一个休息亭，其他地方均为"平地"，赛时将竖上23个靶位。最西边的淘汰赛场地只有东侧一面有看台，折合成标准席874座。

北京奥林匹克公园射箭场采用了施工速度快、技术先进、易于安装和拆除的轻钢结构，其中看台结构采用了管架系统钢结构，这样非常便于赛后拆除恢复为奥林匹克森林公园绿地。射箭场的部分场地赛后将为北京奥林匹克公园网球场使用。

1 北京奥林匹克公园射箭场鸟瞰

2 北京奥林匹克公园射箭场比赛场地
3 北京奥林匹克公园射箭场1号场地全景
4 北京奥林匹克公园射箭场总平面图

3

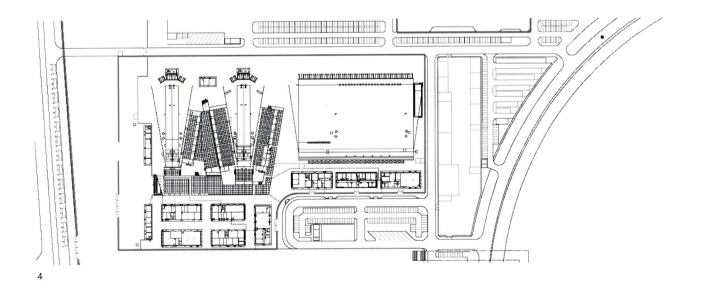

4

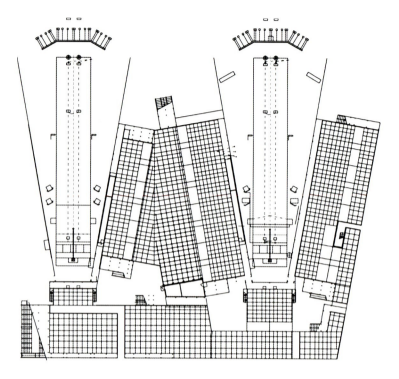

5 北京奥林匹克公园射箭场首层平面图

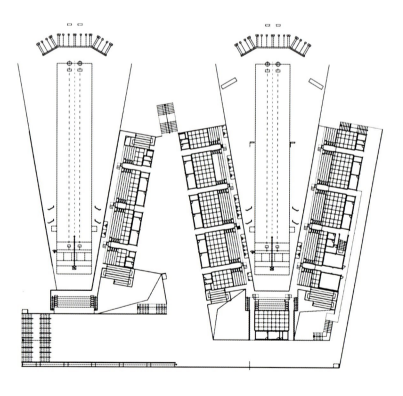

6 北京奥林匹克公园射箭场二层平面图

7 北京奥林匹克公园射箭场比赛场地与看台区

北京奥林匹克公园曲棍球场 | Beijing Olympic Green Hockey Stadium

项目名称：北京奥林匹克公园曲棍球场
建设地点：北京奥林匹克公园
竣工时间：2007 年 7 月
设计单位：中建国际（深圳）设计顾问有限公司
占地面积：11.87hm²
总建筑面积：15539m²
层数：4 层
观众席座位数：赛时 17000 个
停车位数量：131 个

在北京奥林匹克森林公园的南部，北京奥林匹克公园曲棍球场和射箭场一起，构成了与网球中心遥相呼应的另一道色彩斑斓的亮丽风景。

北京奥林匹克公园曲棍球场是第 29 届奥林匹克运动会曲棍球预赛和决赛的比赛场地，同时也是第 13 届残奥会五人制、七人制足球比赛场地。球场用地约 11.87hm²，主要由曲棍球 A 场（决赛场地）、曲棍球 B 场（预赛场地）、14 栋附属建筑以及看台和各种辅助停车场、道路设施组成。曲棍球 A 场位于用地中心的西面，拥有 12000 个座席；B 场位于用地中心的东部，拥有座席 5000 个。14 栋附属建筑中 6 栋为赛时功能用房，8 栋为赛时观众服务用房。赛场外为 10 万 m² 的场地铺装绿化和停车位。奥运会期间，这里将迎来奥运会男子曲棍球（12 支队）和女子曲棍球（10 支队）比赛，并产生男女曲棍球 2 枚金牌。

北京奥林匹克公园曲棍球场的建设处处体现了"绿色奥运、科技奥运、人文奥运"的理念。如在看台扶手拐角的处理上，设计人员极为经济实用地用一层塑料外壳护住了突出的尖角，细节处彰显人文精神；球场建设采用的保温装饰一体化成品板、环保太阳能淋浴设备以及外墙外保温技术、看台防水技术等新材料、新技术，闪烁着科技奥运的光芒；而室外训练场人造草坪技术、空调系统使用的无氟新冷媒等，诠释了绿色奥运的精髓。赛场内选用的澳大利亚品牌人工草坪，具备了"平整性、保水性、透水性"三大特性，保证了赛场的舒适和安全。

建成后的北京奥林匹克公园曲棍球场功能分区明确，组织流线顺畅，交通疏散合理，环境绿化优美，比赛条件舒适，是国内最高水平的曲棍球场地。作为临时赛场，这里在赛后将恢复为奥林匹克森林公园绿地。

1 北京奥林匹克公园曲棍球场鸟瞰图

2 北京奥林匹克公园曲棍球 A 场全景

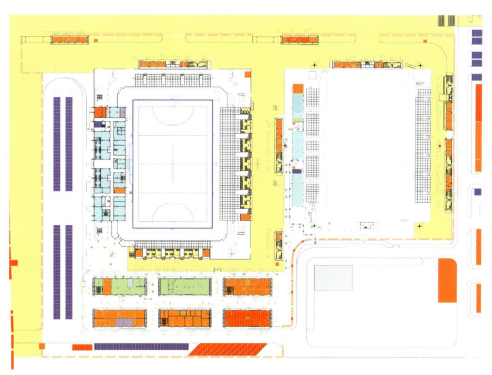

3 北京奥林匹克公园曲棍球场总平面图

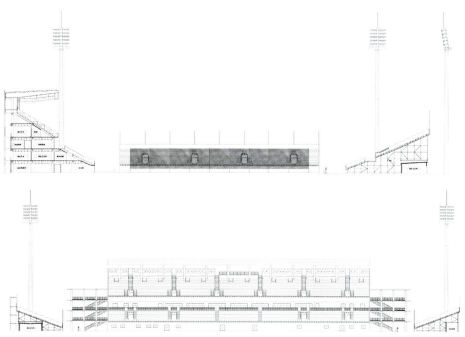

4 北京奥林匹克公园曲棍球 A 场剖面

北京五棵松体育中心棒球场 | Beijing Wukesong Sports Center Baseball Field

项目名称：北京五棵松体育中心棒球场
建设地点：北京五棵松文化体育中心
竣工时间：2007 年 8 月
设计单位：北京市建筑设计研究院
总建筑面积：12572m²
观众席座位数：15000 个
层数：3 层

作为第 29 届奥林匹克运动会棒球运动的临时性比赛场馆，北京五棵松体育中心棒球场矗立于北京五棵松体育中心用地的西南角，在西四环与西长安街的交汇点附近，构筑了一处别致的风景。

北京五棵松体育中心棒球场由三个场地组成，12000 座的 1 号比赛场、3000 座的 2 号比赛、训练场和无座的 3 号训练场由南向北线性排列。遵循节俭办奥运的原则，五棵松体育中心棒球场内主体建筑采用了易于组装和拆卸的钢材铸件和螺丝钉，外围幕墙则采用了景观设计中常用的蔓生植物。棒球场内看台，除了下附功能用房的永久性看台采用钢结构设计、顶部使用支膜结构的罩棚之外，大量的临时看台则只有在赛时才临时搭建起来。

北京五棵松体育中心棒球场在奥运会赛后将被拆除。

1 北京五棵松体育中心棒球场 1 号场比赛场地

2

3

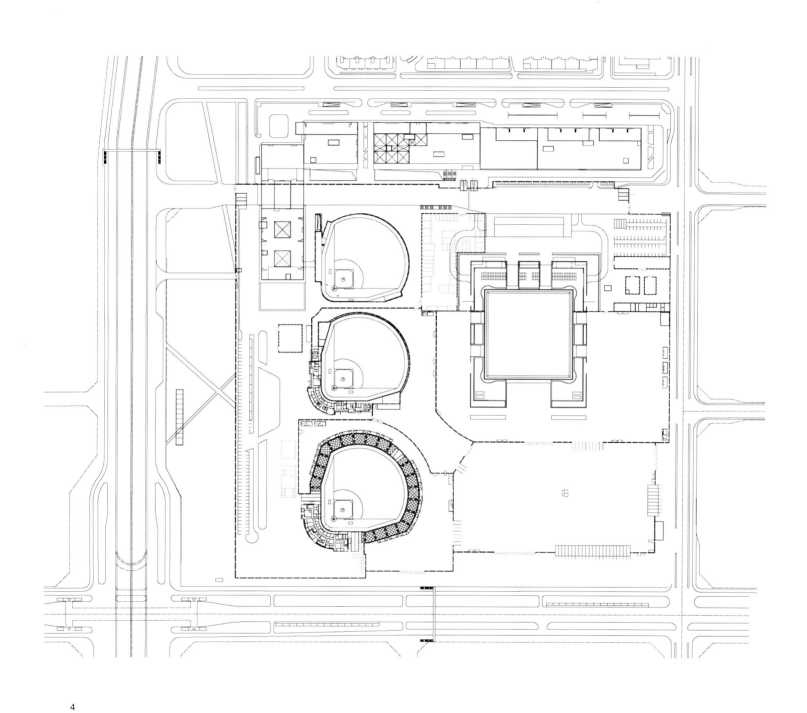

4

2 北京五棵松体育中心棒球场1号场内部全景
3 北京五棵松体育中心棒球场观众座席入口
4 北京五棵松体育中心棒球场总平面图

6

7

5 北京五棵松体育中心棒球场 2 号场地全景
6 北京五棵松体育中心棒球场 1 号场地看台区
7 北京五棵松体育中心棒球场座席区遮阳篷

国家会议中心击剑馆 | Fencing Hall of National Convention Center

项目名称：国家会议中心击剑馆
建设地点：北京奥林匹克公园（国家会议中心内）
竣工时间：2007年12月
设计单位：北京市建筑设计研究院
　　　　　英国RMJM公司
总建筑面积：56000m²
层数：地上5层，地下1层
观众席座位数：无固定座位，临时座位5900个

第29届奥林匹克运动会击剑及现代五项中击剑和气手枪的比赛场馆，位于国家会议中心主体建筑南侧。

国家会议中心坐落于国家体育馆北侧，主体建筑融入中国传统建筑屋檐和拱桥的元素，屋檐四角微微上翘，檐线下方弧线向上拱起，外形非常美观。奥运会赛时，用来作为击剑和现代五项比赛场地的击剑馆包括地下空间1层，地上空间5层，建筑面积约5.6万m²。其中地下一层为安保用房、场馆运行用房及机房。击剑训练馆位于首层宴会厅，有14条剑道。能容纳3000人的首层宴会厅为击剑比赛热身场地，屋面重钢结构，跨度60m。赛事管理用房位于二层，环绕在训练馆四周。击剑馆热身场地位于三层北侧，有12条剑道，其中预热身剑道6条，热身剑道6条，另有运动员休息及淋浴用房，南侧为BOB转播用房。正式比赛大厅位于四层，面积约6400m²，屋面为跨度81m的钢结构。击剑比赛时按标准座席排列的观众人数为5900人、比赛剑道5条。现代五项比赛时按标准座席排列的观众人数为4400人、比赛剑道为10条、气手枪靶位36个，比赛大厅西侧布置了药检、媒体、贵宾等附属用房。

1 国家会议中心击剑馆东侧入口大厅

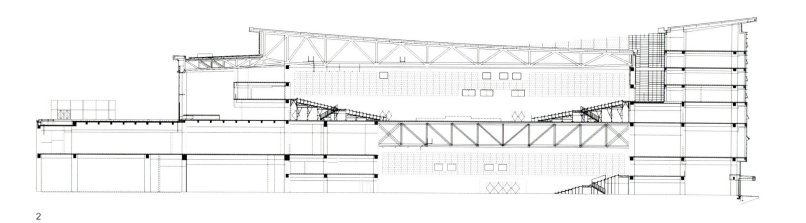

2

3

2 国家会议中心击剑馆剖面图
3 国家会议中心击剑馆一层观众集散大厅
4 国家会议中心击剑馆临时座席

5 国家会议中心击剑馆全景

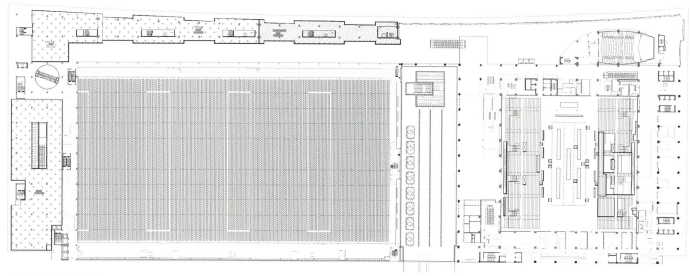

6 国家会议中心击剑馆四层平面图

老山小轮车赛场 | Laoshan Bicycle Moto Cross (BMX) Venue

项目名称：老山小轮车赛场
建设地点：北京石景山区老山
竣工时间：2007年8月
设计单位：中建国际（深圳）设计顾问有限公司
占地面积：1.98hm^2
总建筑面积：3339m^2
层数：1层
观众席座位数：3396个

老山小轮车赛场为第29届奥林匹克运动会小轮车比赛场地。小轮车赛场与老山自行车馆、山地自行车场毗邻，其方案设计和赛时运营设计主要处理了与它们的关系。小轮车赛场的功能分区，结合地形和比赛场地布置，分为两部分——观众前院区和场馆后院区。观众前院区位于山顶上，沿看台南、北两侧设置，观众主要从场地东侧边界进入。场馆后院区位于山顶西北侧以及山下的老山自行车馆内。后院注册人员从场地北部通过垂直交通设施直接上到山顶的比赛区域。

1 老山小轮车赛场鸟瞰效果图

2 老山小轮车赛场南侧看台
3 老山小轮车赛场总平面图
4 老山小轮车赛场全景
5 从老山小轮车赛场西侧看比赛场地

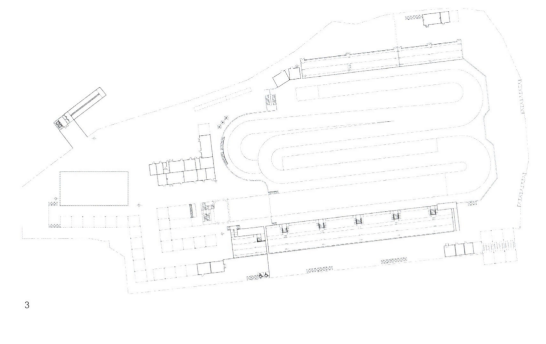
3

4

5

朝阳公园沙滩排球场 | Chaoyang Park Beach Volleyball Ground

项目名称：朝阳公园沙滩排球场
建设地点：北京朝阳公园北区
竣工时间：2007年8月
设计单位：中建国际（深圳）设计顾问有限公司
占地面积：18hm²
总建筑面积：14169m²
层数：2层
观众席座位数：赛时12000个
停车位数量：263个

1 朝阳公园沙滩排球场场馆体验区

挺拔的钢结构建筑，金色的沙滩，黄蓝相间的座席，气势磅礴的看台，拥有"阳光、沙滩、碧水、蓝天"景色，朝阳公园沙滩排球场就这样意气风发地矗立于朝阳公园北湖岸边，迎接着第29届奥林匹克运动会沙滩排球比赛的到来。

朝阳公园沙滩排球场包括1个主比赛场、2块热身场和6块训练场，共设观众席位12000个。排球场选址于朝阳公园内具有50多年历史的原北京煤气用具厂旧址。从公园环境景观实际出发，设计保留了区域原有文化内涵，强化周边景观设计，在充分保障奥运场馆比赛功能的基础上，以尽量保留工业遗址、减少建设成本为目标，努力实现对工业遗址的创造性改造，丰富了奥运场馆的人文内涵。区域内的大树及压缩空气储存罐、龙门吊等工业遗迹景观得到了保护性的处理；3栋旧厂房进行了重新改造设计，分别作为贵宾、运动员及赛事管理、安保、技术和媒体用房，与新建场馆共同为比赛服务。如今步入场馆附近，随处可见的是高大挺拔的泡桐，红色砖墙的旧厂房，排列整齐的储气罐，以及斑驳依稀的大字标语……现代化沙滩排球场四周氤氲着浓浓的上一个时代的记忆，而由公园原有植物及新种植的北京乡土植物白茅草构成的可持续乡土群落所营造出的怀旧乡土氛围，以及和沙滩排球场地相映成趣的古庙，则震撼着每一个会心的欣赏者。朝阳公园沙滩排球场完美地实现了公园环境景观、工业遗址以及现代奥运文明的完美统一。

作为临时比赛场馆，朝阳公园沙滩排球场临时设施及用品、钢结构、活动房等可拆解后重复使用，奥运会期间服务的各类临时空调用房，赛后可移至他处加以利用或赛时直接租用。

2 朝阳公园沙滩排球场东立面

3 朝阳公园沙滩排球场内部全景

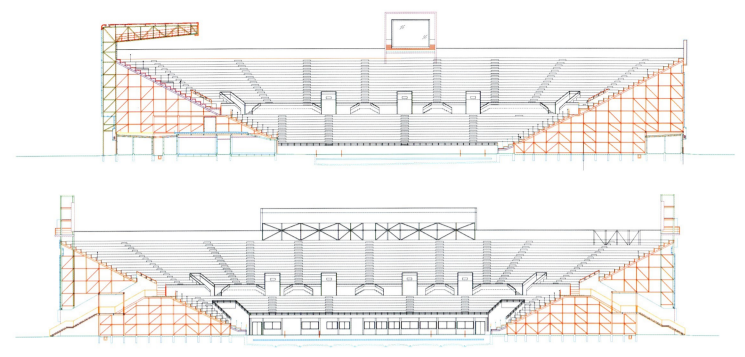

4 朝阳公园沙滩排球场立面图

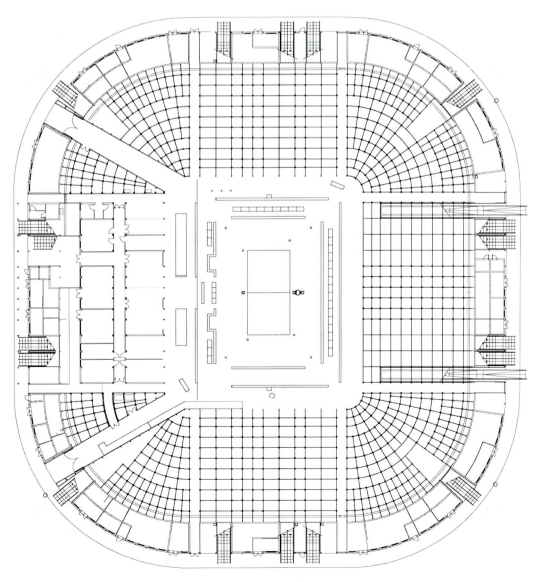

5 朝阳公园沙滩排球场一层平面图

301

国家会议中心 National Convention Center

项目名称：国家会议中心
建设地点：北京奥林匹克公园
设计单位：英国 RMJM 设计公司
北京市建筑设计研究院
占地面积：8.14hm²
总建筑面积：27 万 m²
层数：地上 8 层，地下 2 层

国家会议中心位于北京奥林匹克公园（B区），以单曲面的屋面造型特色，借助南边国家体育馆波浪造型的"中国折扇"的巧妙承接，实现了与南边更远处平顶造型的"水立方"的有机联系和统一。

会议中心的建筑形体完整、简洁、气派且富有现代气息，大量采用玻璃幕墙、金属屋面等现代设计语言。建筑立面截取中国古代建筑屋顶的曲线概念，对传统的建筑形式进行现代演绎，以象征性的桥梁形态，与奥林匹克公园的其他建筑遥相呼应。

会议中心设置了 6000 人的大型会议厅和近 60 个大小不等的多功能会议厅，以及约 20000m² 的大型展览空间和相关公共配套设施。2008 年北京第 29 届奥运会期间，这里将成为奥运会国际广播中心、主新闻中心、击剑及现代五项中击剑和气手枪比赛场所，以及残奥会硬地滚球和轮椅击剑比赛场所。奥运会后，这里将成为北京举办国际性会议、综合展示活动的大型国家会议中心。

1 国家会议中心全景效果图

2 国家会议中心全景

3

3 国家会议中心国际广播中心正立面效果图
4 国家会议中心立面效果图
5 国家会议中心一层平面
6 国家会议中心分区图

4

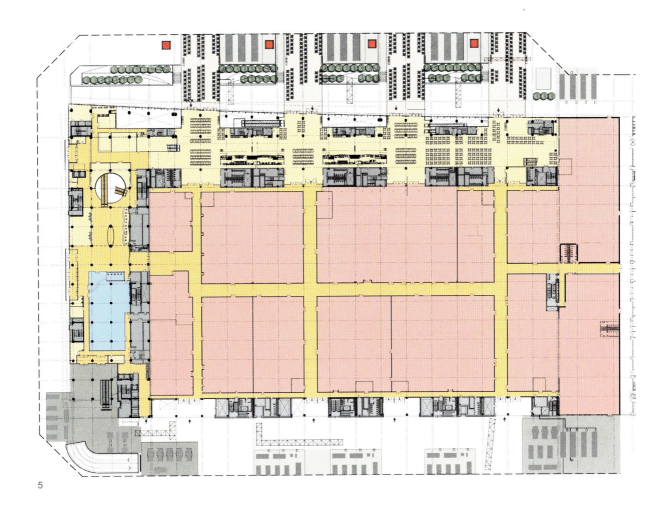

5

6

数字北京大厦 | Digital Beijing Building

项目名称：数字北京大厦
建设地点：北京奥林匹克公园西侧
设计单位：都市实践
　　　　　建筑设计有限公司
　　　　　中国建筑标准设计研究院设计联合体
占地面积：16018m²
总建筑面积：97973m²
层数：13层
停车位数量：391个

脱去了"鸟巢"的豪情壮志，摒弃了"水立方"的如梦如幻，位于奥林匹克公园西南角（国家体育馆西侧）的数字北京大厦以其自身超酷炫黑的外立面、貌似"芯片"的造型张扬了现代建筑之美，而大量采用清水混凝土墙和立柱凸显的质感和表面肌理，则体现出朴素的人工打造痕迹和建筑空间的简约之美。

数字北京大厦地上11层，地下2层，主要建筑内部包括通信机房、办公业务用房及相关配套设施等。大厦东侧为办公区，中间和西侧为数字机房。大厦的建筑形式和内部空间均被赋以"数字时代"的全新概念，创造出了"数字流星雨"、"网络桥"、"数字地毯"等概念，从视觉、触觉上都表现出了对新技术的极大热情。大厦正面模拟芯片上线路的窄条玻璃带与灰黑色的主色调；西立面灰褐色封闭式石墙酷似印刷电路的纹理；东立面通透的玻璃幕墙上嵌入了LED液晶显示屏，夜晚照明开启后，可以达到数字流星雨般的效果，并播出与奥运相关的图像与口号。

建成后的数字北京大厦远远不只是一栋有特色的建筑物。奥运会期间，这里是政府数据与奥运技术支持中心，为奥运会提供通信、信息服务和信息安全保障；奥运会后，将作为市政府信息资源、信息安全、应急指挥和信息服务的信息化中心及奥林匹克中心区与周边地区的通信枢纽。

1 数字北京大厦全景

2

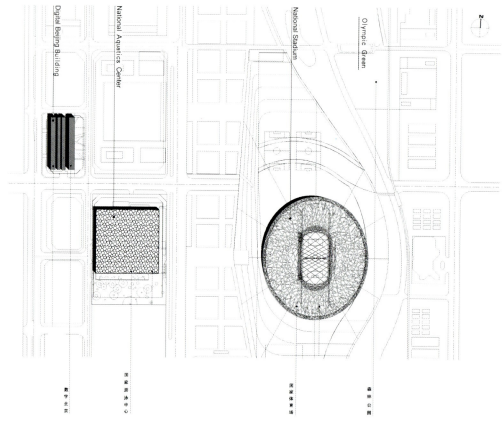

3

2 数字北京大厦全景效果图
3 数字北京大厦总平面图
4 数字北京大厦外景局部
5 数字北京大厦东立面图

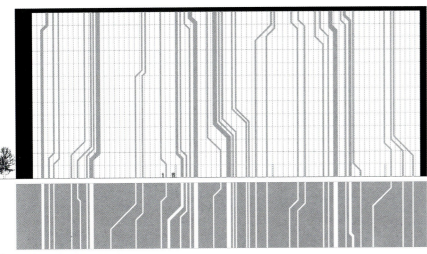

附表一 2008年北京奥运会比赛场馆一览

序号	比赛场馆	比赛项目	座席总数		建筑面积(m²)	竣工时间	备注
			固定席	临时席			
1	国家体育场	田径、足球	91000		258000	2008.5（预计）	新建
			80000	11000			
2	国家游泳中心	游泳、跳水、花样游泳	17000		87283	2008.1	新建
3	国家体育馆	竞技、体操、蹦床、手球	20000		80890	2007.11	新建
			18000	2000			
4	北京奥林匹克公园网球场	网球	17400		26514	2007.10	新建
5	中国农业大学体育馆	摔跤	8500		23950	2007.11	新建
			6000	2500			
6	北京科技大学体育馆	柔道、跆拳道	8012		24662	2007.11	新建
			5050	2962			
7	北京大学体育馆	乒乓球	8000		26900	2007.12	新建
			6000	2000			
8	北京奥林匹克篮球馆	篮球	18000		63000	2008.1	新建
			14000	4000			
9	老山自行车馆	自行车	6000		33000	2007.11	新建
			3000	3000			
10	北京射击馆	射击	8984		47626	2007.7	新建
11	北京工业大学体育馆	羽毛球、艺术体操	7500		24383	2007.10	新建
			5800	1700			
12	奥林匹克水上公园	赛艇、皮划艇静水、皮划艇激流回旋、马拉松游泳	27000		31569	2007.7	新建
			1200	25800			
13	青岛奥林匹克帆船中心	帆船			137703	2008.1	新建
14	天津奥林匹克中心体育场	足球	60000		169000	2007.8	新建
15	秦皇岛市奥体中心体育场	足球	33000		48000	2004.5	新建
16	奥体中心体育场	现代五项（跑步与马术）	40000		37052	2007.8	改扩建
			38520	1480			
17	奥体中心体育馆	手球	7000		32410	2007年下半年	改扩建
			5000	2000			
18	英东游泳馆	水球、现代五项（游泳）	5129		44635	2007.9	改扩建
19	北京航空航天大学体育馆	举重	6000		21000	2007.12	改扩建
			3400	2600			
20	北京理工大学体育馆	排球、盲人门球	5000		21882	2007.9	改扩建

序号	项目名称	比赛项目	座席总数		建筑面积 (m²)	竣工时间	备注
			固定席	临时席			
21	首都体育馆	排球	18000		54707	2007.12	改扩建
22	老山山地自行车场	山地自行车			8700	2007.9	改扩建
23	北京射击场飞碟靶场	飞碟射击	4999		6169	2007.7	改扩建
24	丰台体育中心垒球场	垒球	9720		15570	2006.7	改扩建
			5000	4720			
25	北京工人体育场	足球	60000		44800（改造面积）	2007.12	改扩建
26	北京工人体育馆	拳击	13000		40200	2007.11	改扩建
			12000	1000			
27	上海体育场	足球	56000		170000	2007.7	已建
28	沈阳奥林匹克体育中心	足球	60000		140000	2007.6	新建
29	香港奥运马术比赛场（双鱼河和沙田）	马术	18000		278000	2008.5（预计）	改扩建
30	北京奥林匹克公园射箭场	射箭	5384		8609	2007.8	临建场馆
31	北京奥林匹克公园曲棍球场	曲棍球	17000		15539	2007.7	临建场馆
32	北京五棵松体育中心棒球场	棒球			12572	2007.8	临建场馆
33	国家会议中心击剑馆	击剑、现代五项(击剑、射击)	5900		56000	2007.12	临建场馆
34	老山小轮车赛场	小轮车	3396		3339	2007.8	临建场馆
35	朝阳公园沙滩排球场	沙滩排球	12000		14169	2007.8	临建场馆
36	铁人三项赛场	铁人三项	10000			2007.4	临建场馆
37	城区公路自行车赛场	公路自行车	3000			2007.4	临建场馆

附表二 2008年北京奥运会比赛场馆设计单位一览

序号	场馆名称	设计单位
1	国家体育场	奥雅纳工程顾问公司及中国建筑设计研究院联合体 瑞士赫尔佐格和德梅隆设计事务所
2	国家游泳中心	中建设计联合体（中国建筑工程总公司、澳大利亚PTW公司、澳大利亚ARUP公司）
3	国家体育馆	北京市建筑设计研究院 北京城建设计研究总院有限责任公司
4	北京奥林匹克公园网球场	中建国际（深圳）设计顾问有限公司
5	中国农业大学体育馆	华南理工大学建筑设计研究院
6	北京科技大学体育馆	清华大学建筑设计研究院
7	北京大学体育馆	同济大学建筑设计研究院
8	北京奥林匹克篮球馆	北京市建筑设计研究院
9	老山自行车馆	中国航天建筑设计研究院 广东省建筑设计研究院
10	北京射击馆	清华大学建筑设计研究院
11	北京工业大学体育馆	华南理工大学建筑设计研究院
12	奥林匹克水上公园	田鸿园方建筑设计有限责任公司 美国易道和法国电力设计联合体
13	青岛奥林匹克帆船中心	北京市建筑设计研究院
14	天津奥林匹克中心体育场	天津建筑设计研究院
15	秦皇岛市奥体中心体育场	同济大学建筑设计研究院
16	奥体中心体育场	北京市建筑设计研究院
17	奥体中心体育馆	北京市建筑设计研究院
18	英东游泳馆	北京市建筑设计研究院
19	北京航空航天大学体育馆	中元国际工程公司

序号	场馆名称	设计单位
20	北京理工大学体育馆	五洲工程设计研究院
21	首都体育馆	北京市建筑设计研究院
22	老山山地自行车场	中国航天建筑设计研究院（集团）
23	北京射击场飞碟靶场	清华大学建筑设计研究院
24	丰台体育中心垒球场	中元兴华工程公司
25	北京工人体育场	北京市建筑设计研究院
26	北京工人体育馆	北京市建筑设计研究院
27	上海体育场	上海市建筑设计研究院
28	沈阳奥林匹克体育中心	同济大学建筑设计研究院
29	香港奥运马术比赛场（双鱼河和沙田）	Timothy Court 设计公司（澳大利亚），Ove ARUP 合伙人事务所（中国香港），Ronald Lu 合伙人事务所（中国香港）
30	北京奥林匹克公园射箭场	中建国际（深圳）设计顾问有限公司
31	北京奥林匹克公园曲棍球场	中建国际（深圳）设计顾问有限公司
32	北京五棵松体育中心棒球场	北京市建筑设计研究院
33	国家会议中心击剑馆	北京市建筑设计研究院 英国 RMJM 公司
34	老山小轮车赛场	中建国际（深圳）设计顾问有限公司
35	朝阳公园沙滩排球场	中建国际（深圳）设计顾问有限公司
36	铁人三项赛场	北京市水利规划设计研究院
37	国家会议中心	北京市建筑设计研究院 英国 RMJM 公司
38	数字北京大厦	都市实践建筑设计有限公司 中国建筑标准设计研究院设计联合体

编 后 记

融合、认同、激情、奉献为奥林匹克运动会这个文化交融的大舞台提供了引人注目的关键词，因为历届奥运传承的不仅是竞技概念，更是文明及其背后文化的传承。自国际奥委会在2001年7月13日投票决定由北京主办第29届夏季奥林匹克运动会那一刻起，已经过去了近7个年头，如今世界就要迎来这场盛事。北京及分布在全国六个城市的全部比赛场馆已全面转入测试检验阶段，以模拟奥运会赛时运行的各种需求。奥运场馆正是"新奥运"的各项建设为我们这座古老而又富于生机的城市留下的遗产。罗格先生认为：场馆和城市基础设施不仅是在奥运会举办期间供人使用，还将在奥运会后成为举办城市和举办国的一笔宝贵财富，可以使用几十年。这正如我们多年来在面向奥林匹克主题思考中不断升腾起的感受：为什么我们不为中国乃至世界的奥林匹克体育文化与建筑来一次热情的记录和宣传呢？奥运会虽然主要是在一个城市举行，但它代表并动员的绝不是一座城市，而是整个国家；它所展示的绝不仅仅是中国的文明，更代表整个世界的文明。所以中国建筑学会、中国建筑工业出版社策划的"2008北京奥运建筑丛书"，不仅是向世界展现中国奥运场馆建筑设计创作的理念，更是北京奥运文化有非凡意义的事。为此，自2006年迄今，BIAD传媒《建筑创作》杂志社就全面投入其工作之中。

事实上，作为两次申奥都直接贡献着体育规划设计理念的北京市建筑设计研究院的传媒机构《建筑创作》杂志社，自2002年便推出《奥林匹克与体育建筑》一书，之后已经连续7年在每年的7月出版北京奥运建筑的"城市、建筑、文化"类专辑，几年来出版的各类奥运建筑及文化类图书逾十册。此次与中国建筑工业出版社的合作更是服务奥运、宣传奥运建设的创举。自2005年末《建筑创作》杂志社就与中国建筑学会建筑摄影专业委员会组织了近20名建筑摄影师，受2008工程建设指挥部办公室的委托，开始记录奥运场馆建筑的每一个成长细节，迄今已经过去了近1000天，拍摄了数以万计极其珍贵的建筑图片，它们无疑将为北京奥运建设留下重要的史料，成为北京奥运建设史的见证。在编撰本书的过程中，看着这些精美的场馆图片，我们更深地理解到，"美观"与"大方"完美结合是这些耀眼世界的奥运建筑作品的特质。如果说，"新奥运"、"新北京"已变成一种生动实践的话，那么新奥运建筑所竖起的新地标更为古老北京增添了现代神韵。

BIAD传媒人正是怀着这种兴奋的心情，全力投入北京奥运建筑各册的编撰工作中，在已承担的《梦寻千回——北京奥运总体规划》、《宏构如花——奥运建筑总览》、《曲扇临风——国家体育馆》、《故韵新声——改扩建奥运场馆》四卷的组稿、撰文、整编、图片创作及统筹中倾注了全部热情与智慧。

本卷主要介绍了所有用于2008北京奥运会比赛的场馆，既包括新建场馆，也包括改扩建及临建场馆和与奥运会相关的配套附属设施。在这些场馆背后的是一批在当今世界建筑舞台上最活跃的中外建筑师。从他们所设计的作品中，我们或许能够窥见当代建筑发展之一斑。

在《宏构如花——奥运建筑总览》出版之际，我们向为本书提供了丰富资料和照片的各相关设计单位致以深深的谢意！特别还要致谢的是中国建筑学会建筑摄影专业委员会的近20位摄影师，如果没有他们的辛勤工作及忘我的创作，编辑工作肯定不会顺利进行。在这里更要感谢的是中国建筑学会和中国建筑工业出版社的各位领导，张惠珍副总编及其编辑团队为这套丛书的编撰、出版付出了很多。

再次向所有为本书出版而付出智慧与辛劳的人们致以深深的敬意，愿我们的努力与追求能共同开启属于中国北京及世界的奥林匹克建筑文化之旅。

BIAD传媒《建筑创作》杂志社
2008年2月

※ 截至出版前，本卷所涉及的场馆与附属设施名称均以北京奥组委官方网站所列名称为准。名称如有变化，请参阅北京奥组委官方网站 http://www.beijing2008.cn。

图书在版编目(CIP)数据

宏构如花——奥运建筑总览/北京市建筑设计研究院 本卷主编. —北京：中国建筑工业出版社，2008
(2008北京奥运建筑丛书)
ISBN 978-7-112-09877-4

Ⅰ.宏… Ⅱ.北… Ⅲ.夏季奥运会－体育建筑－简介－北京市 Ⅳ.TU245.4

中国版本图书馆CIP数据核字(2008)第009061号

责任编辑：张幼平 马 彦
　　　　　董苏华 孙 炼
责任校对：陈晶晶 王 爽

2008北京奥运建筑丛书
宏构如花——奥运建筑总览
总 主 编　中国建筑学会
　　　　　中国建筑工业出版社
本卷主编　北京市建筑设计研究院
*
中国建筑工业出版社出版、发行(北京西郊百万庄)
各地新华书店、建筑书店经销
北京广厦京港图文有限公司制作
印刷:恒美印务(广州)有限公司印刷
*
开本：965×1270毫米　1/16　印张：21¼　字数：850千字
2008年4月第一版　2008年4月第一次印刷
定价：160.00元
ISBN 978-7-112-09877-4
　　　(16581)
版权所有　翻印必究
如有印装质量问题，可寄本社退换
(邮政编码 100037)